舌尖上的美味

呂永超・著

【序】善歌者使人繼其聲

張實

您現在打開的是一本飲食文化散文。

飲食文化散文，說白了，就是文人談吃的文章；如果要咬文嚼字，按我的理解，它有兩個關鍵詞：一個是飲食文化，一個是文化散文。飲食文化是它的內容；文化散文是它的外在表現形式。

飲食，也就是吃喝，實際上更偏重於吃。嬰兒呱呱墜地，便張嘴要吃，沒有母乳，也要吃牛奶或者是米湯，從此吃便貫串了人的一生。貴為天子，「食前方丈，無處下箸」是吃；貧如乞兒，一無所有，衣不蔽體也仍然要吃，乞討就是討吃，吃是最後的唯一。俗話說：「開門七件事，柴米油鹽醬醋茶。」前面六件事都是吃，後面一件事是喝，開門七件事實際是吃喝一件事。飲食文化，簡單地說，也可以說是關於飲食的知識。諸如八大菜系、四方小吃，節令佳品、民族風味，重慶火鍋、廣州早茶，宮廷裡的滿漢全席、大排檔的生猛海鮮、街頭巷尾的臭豆腐烤羊肉串、遙遠飄渺的曹植七寶羹、流傳至今的蘇軾東坡肉、列入典籍的《閒情偶記》《隨園菜單》、口頭流傳的「佛跳牆」「翡翠白玉湯」的傳說，乃至「染指於鼎」引發了鄭國的一場宮廷政變、「破釜沉舟」決定了秦漢時一場戰役的勝敗等等，莫不屬於飲食文化的範圍，它涵蓋了中華民族在飲食方面實踐創造的全部成果。

飲食文化具有鮮明的民族性，我國的飲食文化與戲曲、國畫、書法、園林等同是中華文化的重要構件，都是中華文化的長存因素。它歷史悠久，博大精深，豐富多彩，享譽世界。外國旅遊者有不到長城、不遊故宮、不吃北京烤鴨、不看中國京劇不算來北京之說，這裡的烤鴨其實是飲食文化的符號。無論是在歐洲的公路邊，還是北美的無名小城，甚至是非洲小國，你都會與中式餐館不期而遇。飲食文化又是維繫炎黃子孫的感情紐帶，飄泊海外的遊子思念故鄉，莫不對兒時家鄉的食物魂牽夢繞。

飲食文化又是一種歷史現象，它隨著社會經濟物質生產的發展而發展。一九六五年在我國雲南省元謀縣考古發現，年代約為一百七十萬年前的元謀人遺址中，有很多炭屑，表明元謀人已經知道用火。這大概是人類使用火的最早證據。有了火，先民開始熟食，從此告別了茹毛飲血的時代，揭開了我國飲食文化史的序幕。那時候，先民們靠漁獵維持生存，捕獲到獵物後就圍著篝火邊烤邊吃。詩經小雅〈瓠葉〉裡反覆唱道：「有兔斯首，炮之燔之」，「有兔斯首，燔之炙之」，「燔」是直接把肉放在火裡燒；「炙」就與火保持了一定的距離，如同今天的烤鴨、烤乳豬；「炮」則是用濕泥之類把肉裹起來放在火裡燒，「叫化雞」便是這種古風的遺響。看來燔、炙、炮是中華飲食中最古老的烹調方式。把這三者再比較一下，似乎燔更為原始，以後也較少使用。我們不妨猜測，首先使用的烹調方式有可能是燔；後來也許覺得這樣太浪費，操作也不便，才逐漸改進為炙和炮。

今天最常見的蒸和煮，是需要容器的，只能是在發明了製陶以後。我國新石器時代的陶器，與此相關的便有叫做「鬲」的有三隻空心腳的鍋，和底部有許多孔眼的甑。進入青銅時代，炊具的形狀由鬲演變為有腳的鼎和無腳的釜、鑊。《史記主父偃傳》說：「丈夫生不食五鼎，則死烹五鼎。」可見鼎是食具，又是炊具，還可以兼作刑具。作為炊具，鼎日常煮的是羹，一種雜煮的濃湯。關於羹，司馬遷還給我們留下了一個意味深長的故事：楚漢相爭時，項羽俘虜了劉邦的父親，便要脅劉邦：「你不馬上投降，我就烹了你的父親！」爭天下的人是顧不得父子之親的，劉邦就對項羽耍無賴：「我和你曾經結為弟兄，我的老頭子就是你的老頭子，你要是烹了老頭子，也分給我一杯羹吧！」

東晉開發江東以後，中國的經濟文化中心由黃河流域向長江流域轉移，江南成為魚米之鄉，提供了大量的魚類等水產品和菜蔬，豐富了飲食文化的內容，飲食審美開始轉為崇尚清淡雋永；而此時的北方，長期由遊牧民族的政權統治，飲食以羊肉和乳酪為代表，重在肥膩厚重。北魏孝文帝時由山西大同遷都到洛陽，鼓勵鮮卑人與漢人通婚，改姓漢姓，加強了民族文化的交流融合，結果在鮮卑人迅速漢化的同時，北方的一些漢族士大夫也習慣了健啖豪飲，大吃羊肉，大喝乳酪。

發展至兩宋，日常起居方式的變化又引發了飲食方式、烹調技術的重大變革。中國古代是席地而坐，分案而食，這種方式一直保持到唐代；現在的日本，還可以看到這種遺風。《後漢書梁鴻傳》裡，梁鴻隱姓埋名為人打工，每次回到家裡，妻子孟光為他開飯時都不敢仰視，恭恭敬敬地將食案齊眉舉起來。由此留下了「舉案齊眉，相敬如賓」的佳話。我們看到漢畫像石上的食案和馬王堆出土的漆食案，不過是一種能放下五六個碗的盤子。另一幅名畫《韓熙載夜宴圖》則告訴我們，由外族傳入的胡床演變成為椅子，至遲出現在五代至北宋初期。這幅顧閎中奉南唐後主李煜之命如實描繪韓熙載夜生活的作品，第一部分聽琵琶演奏的賓客，便有三位是坐在高背的椅子上；第四部分主人的坐椅更為講究，他坦胸露腹，脫了鞋子盤坐在椅子上，依舊是席地而坐的姿勢。坐在椅子上當然比坐在地上舒服……；人們不再席地而坐，食案便被無情地淘汰了，隨之出現了與椅子相適應的桌子；有了桌子，家人父子不妨圍桌而坐，聚而食之。由分食到會食，飲食方式改變了，烹調技術由適應分食的需要轉變為適應會食的需要，食物的分量、刀工、火候之類都大不相同，必然導致新的突破和發展。

烹調技術中最後發明的是炒，大致也起源於宋代。按情理推想，這肯定是由於長期使用鐵鍋的結果，也可能與會食制導致大鍋菜變為了小鍋菜有關。宋人《東京夢華錄》和《夢粱錄》開列的菜單中，前者有炒兔、生炒肺、炒蟹、炒蛤蜊、炒羊；後者有炒鱔、銀魚炒鱔。至此，中國的烹調技術已經大體完備。

中國進入封建社會的晚期後，明代出現了幾個講究美食的特殊階層：坐擁巨額田產而又不能過問政事的宗室藩王，雄踞一方、勢焰熏天的鎮守太監，聚斂田產、家奴以千百計的豪紳，揮金如土、附庸風雅的鹽商和徽商。這些人的共同特點是有錢、有閒、有地位而又對美食有興趣，便不惜重金，雇請名廚，搜羅天下奇珍異味，爭新鬥巧，創造了許多珍饈美味。清代重視水利，專設了東河總督和南河總督。南河歲修經費為白銀四百五十萬兩，有人說只要用到十分之二三，這年就可以不出事，每年可盈餘三百萬兩銀子怎麼辦？除了裝腰包，便是胡吃海喝。清人的《水窗春囈》記載，河工的宴席從早上九十點鐘開始，吃到深更半夜還不罷不休，小碗可以上到百把幾十樣。廚房裡幾十個煤爐子，每個廚師只做一樣菜，別的都不管。如此常年吃喝的經驗積累，便逐漸形成菜系，據說揚菜便由鹽商的家宴發展而來，河工的宴席則分別發展為魯菜和豫菜。

達官貴人們講究美食，豐富了飲食文化的內容，推動了烹調技術創新，總體上是向著精細化的方向發展，選料求精，工序細緻繁複，分工越來越細。但與普通老百姓的日常飲食，卻是兩股道上跑的車，一些名菜尋常人家做不了也吃不起。《紅樓夢》裡的茄鯗，雖是一味茄子，卻是工序複雜、配料名貴的典型，難怪劉姥姥聽了要搖頭吐舌說：「我的佛祖，倒得多少雞配他！」

精細化走向極端，便是奢侈化。宋代的廚娘，做一份羊頭肉，要用十個羊頭五斤蔥，原來羊頭只剔臉頰上的兩塊肉，蔥只要蔥白裡像韭黃一樣的嫩芯，其他都棄置不用，這已經是暴殄天物了。唐代的李德裕卻每食一杯羹，費錢三萬。據說裡面除了朱砂、雄黃還有珠寶。同時期的元微之，官做到了尚書這一品級，自言「今日俸錢過十萬」，但也只夠李德裕吃三杯羹！山珍海味都吃膩了，窮奢極慾，便墮入了魔道，「以殘酷取味」。為了吃到美味的烤鵝掌，有的太監把活鵝洗淨放在鐵板上，籠內另放醬油蔥薑等調料一碗，然後在鐵板下加熱。鵝燙得無法立足便不停地行走，由於乾渴便不停地喝調料，最後，「毛盡落，未死而肉已熟矣！」乾隆年間作過巡撫的王亶望，特別喜歡吃炒驢肉絲，據說在廚房裡養了幾頭肥健的驢，要吃驢肉絲了，廚師便拿把快刀，在驢身上肥美之處血淋淋地割下一塊來；為了給驢止血，便拿通紅的烙鐵在傷口上一烙。殘酷至極！

中國飲食文化的現狀如何？有人說在墮落，有人說在衰落。在下沒有研究，不敢妄下斷語。但有一些現象似乎是和尚頭上的蝨子：一是許多原料沒有了，或是變質了。二十年前就聽說，出動一條機動漁船捕撈兩三天，也不一定能遇上一條鰣魚，現在恐怕早已絕跡了。地球上的物種，目前平均每天要滅絕幾十種；之所以造成對自然界的過度索取，無所不吃的饕餮之徒難辭其咎。許多食物由野生變為人工培養，變為工廠化生產，固然是一條出路；如果是靠激素催出來的，不僅味道變了，也有損健康。保護生物，保護環境，實現人類與自然界的和諧共處，也就是保護人類自身。二是公款消費多，流動人口多。決定餐館經營的好壞，烹調質量似乎已經退居為次要因素。三是在一切追求時尚，追求「短平快」的風氣下，一些傳統的工夫菜、火候菜，餐館耗不起那個工夫，有的食客也未必有那個耐心。這後面兩點只是就商業餐飲而言，並非是飲食文化的全部。

雖然許多文人都愛吃、會吃，而且有不少文人善於談吃，但是飲食文化散文並不是好寫的。設想一下，至少要有三個方面的資本：一要見多「食」廣。你想知道梨子的味道，先要嚐一嚐梨子。你沒有嚐過美食，怎麼寫美食？十多年前，汪曾祺先生編過一本

《知味集》，廣泛向作家們約稿，結果有好幾篇是談豆腐的。汪先生對此頗生感慨，以為作家大都是寒士，鰣魚、甲魚之類吃不起，只好談談豆腐。二要雜書讀得多。孔老夫子雖然講過「食不厭精，膾不厭細」，但他老人家不是在談美食，而是在談「禮」；孟老夫子是主張「君子遠庖廚」的，殺豬宰羊時只要沒有親眼看到，也就無礙於仁者之心。幾千年來的孔孟弟子們，雖然有不少美食家，卻不大敢違背先師的遺訓，極少有人大張旗鼓地著書立說專門談吃談喝。他們有一些見聞，有一點體會心得，只能是一鱗半爪地夾雜在筆記之類裡，要你到大海裡去撈針。如果有了這兩項資本，最好是還能夠上得廳堂，下得廚房。「紙上得來終覺淺，絕知此事要躬行」，我想談美食也是同樣的道理。做菜是有訣竅的，道聽塗說不行，照著菜譜按圖索驥也不行，必得要繫上圍裙，挽起袖子，舞刀弄鑊，親自操作一番，經歷幾次周折，終於能拿出幾樣看家菜了，才算得是跨進了知味的門檻。

本書的作者呂永超，此前的半生經歷，似乎都是在為寫這本書作準備。一九九九年前後，他每年發表散文五十多篇，有散文集《靈魂囈語》、《歲月憑證》出版。就寫散文而言，這算得是相當充分的積累了。寫散文出過集子的作家，在一個省裡少說也是數以千計，但要找一個真正在餐飲圈子裡實地摸爬滾打過的，恐怕就不大容易了。永超的獨特優勢就在於他在這個行業曾經一幹就是十三年。他又是一個有心人，幹一行，愛一行，鑽一行，走南闖北，開會、學習、觀摩之際，走訪了一家家馳名全國的老字號，品嚐了形形色色的地方名品，搜羅了一冊冊菜譜書刊，記下了一本本學習筆記。僅僅是一味餛飩，他就光顧過上海的「雨林苑」、「金師傅」、北京的「餛飩侯」，品嚐過蘇州的綠揚雞絲餛飩、黃山的豆腐餛飩……與此同時，他又潛心學藝，頗得本地名師的真傳，不但宮保雞丁、清蒸武昌魚之類做得有滋有味，而且興致來了，還能自出機杼，新創兩味小菜。

永超在這本書中，談起春捲、粽子、年糕、臘八粥之類的源流演變，或徵引古籍，或講述民間傳說，旁徵博引；同是一味宮保雞丁，他將魯菜、川菜、黔菜的不同特色，香辣、糊辣、麻辣的微妙區別，條分縷析，細緻入微；小小一個燒餅，他一口氣列舉了北京的芝麻醬燒餅、天津的爐乾燒餅、唐山的棋子燒餅、商丘的空心燒餅、山東的周村燒餅、蘇北的黃橋燒餅、銅陵的太平街燒餅等一二十種，南北風味，各有不同，見多識廣，如數家珍；他愛吃魚，清蒸鯿魚、松鼠鱖魚、五柳魚，如何選魚、如何用刀、如何配料、如何烹製，一一娓娓道來，儼然是一位行家。這些內容，都大大豐富了本書的知識性、趣味性，也大大增強了它的可讀性。但是，永超並不僅僅止步於此，他更突出了文化散文的特色，將作者的主觀情感充分地融入了寫作的對象。

這本《舌尖上的美味》共分五輯，曰節令佳品、日常菜蔬、平民小吃、特色風味、吃之境界。主要談的是平民飲食，大眾風味。此類普通老百姓日常生活中的飲食，不同於皇宮御宴、豪門盛宴、乃至八大菜系中的一些名菜，大概可以分別視為中華飲食文化中兩個截然不同的分支。從表層來看，一個是原料務求珍稀名貴，另一個卻是普普通通；一個是極其豪華奢靡，另一個卻是簡易樸實。從深層次來看，一個重的是物質和技藝，另一個卻蘊藏著前者所缺乏的濃郁的人情味。賈寶玉那位才選鳳藻宮的大姐賈元春，在歸省時頗為悲涼地傾訴道：「田舍之家，雖虀鹽布帛，終能聚天倫之樂，今雖富貴之極，骨肉各方，然終無意趣。」永超這本書的主要特色，我以為就是將平民飲食中的人情味和散文的感情色彩很好地結合起來了，善於捕捉、體驗和表現「虀鹽布帛」中的天倫之樂，那種蘊藏在平常飲食生活中的美和意趣。

品嚐美食，不僅僅是滿足口腹之欲，更是一種精神享受。不僅要調動視覺、嗅覺、味覺這些感官，還要調動大腦皮層中的積累，展開思維的翅膀，引起回憶和類比、想像和聯想，甚至將感受昇華為一種意境。在永超的眼中，那形如偃月的餛飩，「偃月為半月，彎彎的一角新月芽，不是殘，是追求盈圓」；黃州燒賣「下部如石榴，上部似梅花，形態豔麗，油潤香甜，亦叫石榴梅」；湯包則是「每道褶彷彿一片菊瓣，每只包子都如一朵即將開放的白菊，而湯包中間小圓孔中露出的蟹黃又有如菊花的花蕊。」在富有詩意的感受中，這些小吃就是美的結晶，美的化身。在永超的眼中，「釀酒的日子到了，老家的女人們一個個神聖美麗起來，」她們的衣著是美的，笑靨是美的，動作是美的，整個釀酒的過程是創造美的過程，而這個過程的本身也是美的；飲了老家的米酒後，永超更進入了一個美的境界：「在微醉中，高低錯落的村落農舍，煙雨籠罩的青瓦灰牆，楊柳依依的小河拱橋……絲絲縷縷，密密實實，纏成心頭綿延悠遠的記憶。」

書中發掘和體驗平民飲食中的人情美，不僅表現在闡釋了各種節令食品中，古往今來人們寄託的所思所想、所求所願；也不僅表現在捕捉到了許多地方風味與民間傳說的獨特組合：與國魚絲裡傳遞著妻子對丈夫的思念，蝴蝶魚裡蘊含著賢德嫂子對小兄弟的一片真情，而油炸燴則永遠地附著了人們對權奸秦檜誤國的憤慨；更表現為作家自身對一些平常食物內在意趣的獨特感悟：由孵豆芽的一個孵字，「聯想到雞蛋在母雞溫暖的翅膀下，漸漸變為雛雞的美妙過程，那是偉大母愛對綿延不息的生命的守望。」由米酒若有若無的淡淡酒味，感悟到「米酒最實用的是給人快樂，而不是給人享樂。」在談粥時，他寫道：「有時，一碗粥不過是父母念念不忘的關切，不過是子女拳拳的赤子之心，不過是君子之交的平和內斂，亦不過是夫妻之間的相濡以沫。」其實，飲食中蘊含的親情、友情又豈止在粥中！在他的筆下，兒時冬天的清晨，奶奶煮一碗湯圓送堂兄去參軍；一家人圍著小泥爐吃著父親燉的豆腐；遠在家鄉的母親包的粽子、煮的臘八粥；經過長期感情的發酵，都已經定格為永恆的美好的回憶，昇華為一種無法代替的精神慰藉。你和我又何嘗沒有類似的經歷？何嘗沒有類似的回憶？讀到這些地方，內心的琴弦會被他輕輕地撥動，不由自主地產生了親切的共鳴。

善歌者使人繼其聲。讀永超的書稿時，正是初春時節，薺菜肥美，不由得食指大動，一再敦促老妻，終於買來了春捲，大快朵頤一番。

（作者係著名作家和文藝評論家）

目次

第四輯　特色風味

第五輯　吃之境界

第一輯　節令佳品

叢談元宵

天上一輪圓月朗照，人間聚食形如滿月的元宵，實在有極微妙的象徵意義。

中國的節令，我理解為一種儀式。既為儀式就有節令食品。元宵就是藏在元宵節中最有意味的舌尖典籍。

輕翻典籍，元宵節從歷史深處款款走來。

新春到來後的第一個月圓之夜，即農曆正月十五日夜，俗稱燈節、元宵節。大張燈火，大耍花燈和龍燈，大放焰火。遍地的燈火，與又圓又亮的明月相輝映，與滿天閃閃爍爍的星星相輝映，呈現一派光明、平安、吉祥的景象。這種燈火輝煌鬧元宵的習俗，在我國傳承了兩千多年。

據載，元宵節起源於漢朝，漢高祖劉邦駕崩，呂后臨朝稱制，分封呂氏親族為王侯。呂雉死後，呂氏諸王叛亂，爭奪天下。高祖時的太尉周勃、陳平等人舉兵，掃除諸呂，擁劉恆（即文帝）為主。傳說劉恆係正月十五日登基，帝都長安張燈結綵，徹夜通明，萬眾歡慶。文帝十分高興，遂定此日為燈節，年年沿傳。此後約兩百年，明帝劉莊見江山危機四伏，勢若累卵，打算借印度佛教之力苟延殘喘，令百姓在正月十五夜掛燈迎佛。北魏寇謙之始立道教，利用元宵燈節為他造神伎倆服務。他信口編造：英俊文雅的陳子禱，被龍王的三女兒愛上了，成婚後生了「三元大帝」，俗稱「三官神」。即正月十五生下天官，七月十五生下地官，十月十五生下水官。這三個日子分別得名上元節、中原節、下元節。「夜」通「宵」，上元之夜亦稱元宵節了。道教的創立和傳播，元宵節又有了新的含義，即祭祀天官誕辰和祈求天官賜福。

又說相傳漢武帝時宮中有一位宮女，名叫「元宵」，長年幽於宮中，思念父母，終日以淚洗面。大臣東方朔決心幫助她，於是對漢武帝謊稱，火神奉玉帝之命於正月十五火燒長安，要逃過劫難，唯一的辦法是讓「元宵姑娘」在正月十五這天做很多火神愛吃的湯圓，並由全體臣民張燈供奉。武帝准奏，「元宵姑娘」終於見到家人。此後，便形成了元宵節。

寫到這裡，突然發現我對元宵節的感覺是人性化的，不是因為呂后，也不是因為文帝和明帝，莫非是因為「元宵姑娘」？

不是我對元宵節的感覺是人性化的，元宵節就是人性化的，它脫離了權和神，就那麼情意綿綿，就那麼人情味十足。

不必辨析元宵節形成的「正宗」，那是民俗專家的事情。我們關注的是元宵節的美食——元宵，這才是活著的典籍、在我們身邊的典籍。

元宵的前身，是漢代國人在正月十五喜吃的「豆腐加油糕」和「白粥泛膏」。這兩款食品我沒有見過，想必是失傳了。不是說我沒見到的就失傳了，而是傳統美食失傳的有成千上萬。也難怪，普通廚師成為名廚之後，想通過建立飲食新秩序，以使他的技藝能日常生活化，從而潛在教化人心。這種心態，從古至今，沒有改變。

及至隋唐，元宵燈會發展到極盛期。做元宵的工藝有所發展，就出現形似彈丸的「湯中牢丸」或「粉果」。元宵外型從方到圓，是一種進步，說明從單純吃「烹」，到逐漸講究「調」了。

元宵節吃湯圓，最早見於南宋詩人宋必大的《平園續稿》，書中有「元宵煮食浮圓子，前輩似未曾賦此」的記載。浮圓子，又名湯糰。那時，僅臨安的上元節食品，便有乳糖圓子、山藥圓子、珍珠圓子、澄沙團子、金桔水團、澄粉水團和湯糰等；杭州已有專賣圓子的店鋪，張家元子鋪最有名，用糯米粉包以或甜或鹹的餡心，放沸水中煮熟而成。也有不包餡的，像現在的酒釀圓子。這種糯米丸子在勺中時浮時沉，「星燦烏雲裡，珠浮濁水中」。不過，此時的元宵還只能作夜間的點心。點心非主食，是「藥」——解饞的「藥」。

節日多美食。這個時期的元宵節裡，還有一種食品叫油鎚。油鎚是一種什麼樣的食品呢？《太平廣記》記載：油熱後從銀盒中取出鎚子餡，用物在和好的軟麵中團之，將團得鎚子放到鍋中煮熟。用銀笊撈出，放到新打的井水中浸透。再將油鎚子投入油鍋之中，炸至沸取出。吃起來「其味脆美，不可言狀」。原來，油鎚就是後世所言的炸元宵。油鎚經過一千多年的發展，其製法與品種已頗具地方特色，僅廣東一省，便有番禺的「通心煎堆」、東莞的「碌堆」等，真可謂唐宋食風今猶在。所以說，吃，是最好的懷古行為。通過「通心煎堆」和「碌堆」，我們能更好地進入宋代油鎚的傳統裡。

元宵成為主食，大概在明末清初。清袁枚《隨園食單・點心・水粉湯糰》就說：「用水粉和作湯糰，滑膩異常。中用松仁、核桃、豬油、糖作餡，或嫩肉去筋絲捶爛，加蔥末、秋油作餡亦可。作水粉法：以糯米浸水中一日夜，帶水磨之，用布盛接，布下加灰，以去其渣，取細粉曬乾用。」同時代的薛寶辰《素食說略・湯圓》說得更直接：「周必大朋〈元宵浮圓子〉詩，朱淑真有〈圓子〉詩，是元宵湯圓之名，古已有之矣。今人捏餡作小塊，入糯米粉滾之，再濕再滾，大小合宜而止，曰元宵。以水和糯米粉，擘塊，實以餡包之，曰湯圓。古人作此，當亦不外此二法也。」王譽昌在〈崇禎宮詞〉讚譽：「飲醇食德寬如海，那為牢丸計一絲。」並且自注：「段成式（記）食品，有『湯中牢丸』。一日帝諭買元宵來，即粉團也。所司隨進一碗，帝問其價，一曰『一貫錢』。帝笑曰：『朕在藩時，每以三十文買一碗，今算一貫耶？』仍諭准給一貫，所司凜凜者累日。」明清以來，元宵貴為正餐食品，人們花在它身上的工夫比過去多多了。因為是主食，身價看漲，連皇帝也另眼相看。文化是相通的，中國的飲食文化也能折射出中國的官場文化，坐主席台的就比坐台下的，更讓人側目。

民國初年，袁世凱篡奪革命成果做了大總統。他一心想當「皇帝」，又怕人民反對，一天到晚總是提心吊膽的。因為「元」和「袁」，「宵」與「消」同音，「元宵」有「袁世凱被消失」之嫌。他作賊心虛，便在一九一三年的元宵節下令將「元宵」一律稱為「湯圓」。袁世凱垮台後，大部分地區又恢復了「元宵」的名稱。小事看大事。心比元宵小，袁世凱註定做不了「皇帝」。心有多大，人才走多遠。

現在，我國南北各地都吃元宵，「一年明月打頭圓」，天上一輪圓月朗照，人間則聚食形如滿月的元宵，實在有極微妙的象徵意義。「星月當空萬燭燒，人間天上兩元宵。」表達了人們全家團圓幸福美滿的良好願望。「春宵一刻值千金。」新春的夜晚雖然美好，卻以元宵最寶貴、最迷人、最難忘。

南北元宵的差異，實際上是南北個性化的差異。

千里不同風，百里不同俗。清清爽爽地吃一回元宵，說不準吃出了南北之差異。

豪氣的北方人，在元宵的製作上也顯得很粗獷，餡不是藏進粉裡，而是蘸進粉中，其工藝可概括為一蘸、二搖：先把餡做好，裁成小塊，然後用大籮筐盛著往水裡一蘸，放在盛有糯米粉的大篩子裡搖，等餡粘滿糯米粉，倒在籮筐裡蘸水再搖，往復兩三次，元宵由方而變圓就算大功告成。由於乾粉太多，湯容易變糊，往往濁而不清。如今店鋪中出售的生湯圓多用此法製作，便於儲存、攜帶。

南方的湯圓是甜鹹兼備，菜肉齊全。餡料精緻滑香，糯米粉柔滑細潤。

一談到南方湯圓，人們很自然會想到廣州湯圓，廣州湯圓是南方湯圓的一種，它的做法具有一般性：先擀好了皮，放上餡然後包起來搓圓。但總覺得在製作上，沒有上海、蘇州、江蘇、四川的富有有創意。按說，廣東人一直有種不馴服的野性，使他們與在正統文化束縛下失去創造力的中原諸省人相比，更顯得敢做敢為，血性充沛，抓住機會施展才能。但在湯圓上，廣東人沒有拔得頭籌。這是我想不通的地方。說服自己的只能是，任何事情不可能頭頭取勝。

上海人則不然。上海人素來把西方的紳士遺風中國化了，在湯圓製作上也體現出「阿拉懂得顧客心理」。他們喬家珊的甜湯圓，餡甜得蜜漬香泛，濺齒流甘，甜得不知道什麼叫甜了；而鹹味湯圓，肉餡選料精純，肥瘦適當，切剁如糜，膏潤芳鮮，極具仁愛之心。另有一種雞肉芥菜「碧玉溶漿」，清湯淺搖，嫋嫋如一種菜根香味暗湧。

秦淮「第八絕」，就是蓮湖甜食店的桂花夾心小元宵與五色糕團，一乾一稀搭配，相得益彰。正如南京男人「南人北相」，雖不像北方男人那樣喜歡炫耀豪放，卻也隨和放達，不拘小節，看上去就是順眼。

重慶湯圓花樣更多，有大湯圓、小湯圓、掐掐湯圓、開水雞蛋小湯圓。依照巴渝習俗，大年初一家家戶戶吃湯圓，正月十五元宵節，就更是湯圓節了。重慶的山城小湯圓，龍眼般大小，採用豬油、香芝麻、桃仁、花生、白糖做餡心，皮薄餡多，甜香爽口，老少皆宜，硬是要得。

南北元宵的差異，實際上是南北個性化的差異。個性化三個字很折磨人，它必須是獨特性、和諧性的二位一體。就元宵而言，獨特性表現在品種豐富，有實心的，有包餡的；餡心有鹹有甜；其粉劑以糯米為主，還有粘高粱粉和粘穀子粉；可以手搓、匾搖或機製；水煮、湯氽、汽蒸、油炸、鍋煎、烤烙均成。人無我有，人有我精。而和諧性是指元宵煮時不爛皮、不露餡、不渾湯，吃時不粘筷、不粘牙、不膩口，留給食客獨特的口感。這樣，個性的全面、和諧最終構成個性整體，和諧的就是優質的。

燈市美節，悠悠走過千年之後，呈給現代人的不僅僅是一種文化和美食的享受，更有著營養價值方面的思考。

品嚐過各種風味的湯圓，總覺得我奶奶做的湯圓最有味，我的舌頭在故鄉生了根。

奶奶做湯圓很費時，篩芝麻、炒芝麻、磨芝麻、拌芝麻，然後用開水調麵粉、包湯圓……一頓湯圓至少需要兩個多小時。我至今也忘不了我們兄弟姐妹幾個圍著鍋台等待的心情和剛開鍋時的興奮。那時，父母忙於耕作，家中裡裡外外都由奶奶一人操持。為了一家人吃上一碗湯圓，奶奶得遲睡一小時，早起兩小時。正是長身體的年齡，我們幾個小孩都很能吃，一頓吃兩三碗才帶勁，可在麵粉、糖和油都要計畫供應的年代自然得不到滿足。不滿足還鬧著要吃湯圓。奶奶想了個辦法，收集了家中所有廢舊用品，換來一小盆糯米粉，然後又帶我們去田地裡挖野菜做餡。毫無遮擋的田野裡，寒風刺骨，陽光迷離。但想到能吃湯圓，我們竟忘了寒冷。冬日的田埂，很難看到綠色的野菜，幾個人忙了一下午，只挑了一小籃。一回到家，大家趕緊分工，洗野菜和麵粉，還爭著學包湯圓，忙亂中，我一不小心將面盆碰翻，雪白的麵粉撒了一地，小妹見狀哇的一聲哭了，奶奶一驚，又氣又心疼，用她粗糙的手掌狠狠打了我一巴掌。

最難忘的是送堂哥當兵的那個冬天的早晨。那天奶奶起得特別早，當我們醒來時，屋裡已經飄散著湯圓的清香。堂哥正捧著滿滿一碗湯圓，狼吞虎嚥地吃著。我們幾個小孩很是羨慕，個個饞巴巴地盯著湯圓看。一會兒，堂哥的碗便見了底。我回頭看廚房，只見奶奶正在拉著衣角抹眼淚。我立刻跑到奶奶的面前，奶奶輕輕地撫摸著我的頭說：「這湯圓是為你堂哥送行的，祝他一路平安，圓圓滿滿。以後家裡的日子會好起來的，你們會有很多湯圓吃的。」我想，這是堂哥吃得最好的湯圓，吃得出濃濃的愛意，和淡淡的愁緒。當時不知道，現在知道了，就覺得奶奶的湯圓真美，也更贊同了這句話：飲食在民間。

如今，吃元宵（湯圓）已是再尋常不過的事了。

正因為尋常，吃元宵還得講究科學。

元宵含大量油脂及糖份，熱量很高，對於體重過重或高脂血症、高血壓、糖尿病患者，都不宜過量攝取。飲食講禁忌，肝禁辛，心禁鹹，脾禁酸，胃禁甘，肺禁苦。辨證施食，人與食品，才能相伴一生。對於痛風病患者，高油脂的食物會影響尿酸的排泄，增加痛風病發生的可能，宛如溫柔的女性冷不防上了溫柔一刀。研究者表明，四顆芝麻元宵的熱量相當於一碗飯的熱量，而無餡小元宵大約四十顆才等於一碗飯的熱量，因此可以吃無餡元宵減少熱量攝取，或是以快步走一小時等運動方式消耗這些熱量。做好生命的加法，也要做好生命的減法，這樣，才叫情趣。沒有情趣的人，和沒有味道的菜點，是一回事情，大哥別笑二哥。

元宵（湯圓），燈節美食，悠悠走過千年之後，呈給現代人的不僅僅是一種文化和美食的享受，更有著營養價值方面的思考。在這個選擇食物更趨於理性的時代，都無一例外地被置於膳食評價的天平上被反覆稱量。惟我所需，品嚐美食；吃出傳統，吃出文化，吃出健康，本真意義是逃死，否則是討死而已。萬事一理！吃元宵吃出點見識，倒也舉一反三了。

春捲咬春

春捲捲著春天，或者它是春天才可以吃的捲，或者吃著它感覺像在春天。

我很欣賞清人詩句「春到人間一捲之」。這恐怕是對春捲最簡約的描繪。「春」為季節性，「捲」為吃法，這種稱謂實在是富有「咬春」的韻味。

春捲在明清以前可不是這個叫法，它是由古代立春之日食用「春盤」習俗演變而來的。立春是二十四節氣中的第一個節氣，是春天的開始。那時，視立春為春節，幾乎與過年不分伯仲。立春這天有件很重要的事情，就是吃「春盤」。

「春盤」是什麼？在古代，人們喜愛在立春前後以果品、餅餌等簇裝為盤，並將它互相贈送，取迎新之意，這就叫做「春盤」。「春盤」「春盤」，一邊是果品水靈鮮活的茁壯，一邊是餅餌物外無我的超然，我們的胃部都需要一點。

「春盤」開始於晉代，初名為「五辛盤」。晉朝周處的《風土記》載：「元旦造五辛盤。」「五辛盤」中盛有五中辛葷的蔬菜，如小蒜、大蒜、韭菜、芸苔、胡荽等，是人們在春日食用後發五臟之氣用的。唐朝時，「春盤」的內容有了變化。《通俗編‧四時寶鑑》說得很清楚：「立春日，食蘆菔、春餅、生菜，號春盤。」大詩人杜甫，在春天的荊州郊外野遊時，詩興大發，寫下了「春日春盤細生菜，忽憶兩京梅發時。」的詩句。的確，「春盤」入口，性情入心，舉筷之間，吃已經是一種境界了。

「春盤」到了宋朝，似乎被一種捲煎餅所替代。現在看來，捲煎餅是春餅與春捲的過渡類型的食品。它的餡料是羊肉或豬肉，配上蔥白或筍乾之類，裝在餅內捲作一條，兩頭以麵糊粘住，油煎，吃時蘸調味汁。這捲煎餅我沒吃過，但寫著寫著，那肉那蔥就跳到我的舌尖上，消失在溫潤裡，留存在記憶中。

宋代宮廷春餅以「薄如蟬翼」而馳名。史料載，宮廷用薺菜迎春耕做的春餅，是「翠縷紅絲，金雞玉燕，備極精巧，每盤值萬錢」。可見，尋常人家是吃不上的。雖然春餅和春捲都是古人心目中春的象徵，但它們之間是有區別的。春餅是用麵烙成的薄餅，捲菜吃；春捲是薄麵皮包菜油炸而成。可以肯定的是，「春盤」在宋朝是十分盛行的，陸游用「春日春盤節物新」的詩句反映當時的生活習俗；蘇東坡更是喜不自禁：「漸覺東風料峭寒，青蒿黃韭試春盤。」吃了春餅，拭了春盤，春天也就來了。

至遲在元朝，已出現將春餅捲裹餡料後油炸而食的「春捲餅」。元代無名氏編撰的

《居家必用事類全集》這樣記「捲煎餅」：「攤薄煎餅。以胡桃仁、松仁、桃仁、榛仁、嫩蓮肉、乾柿、熟藕、銀杏、熟栗、芭欖仁，以上除栗黃片切，外皆細切，用蜜、糖霜和，加碎羊肉、薑末、鹽、蔥調和作餡，捲入煎餅，油煠過。」這實質上是早期的春捲。著名的「飲膳太醫」忽思慧，在宮廷裡負責飲膳調配工作，是一位在營養學領域裡極富先鋒性的人物。他創作的《飲膳正要》一書編纂於元至順元年，可以說是一部古代的飲食營養學專著。在此書的「聚珍異饌」中有「春盤麵」一條，由麵條、羊肉、羊肚肺、雞蛋煎餅、生薑、蘑菇、蓼芽、胭脂等十多種原料構成。在「春盤」裡加入羊肉，明顯是漢族風俗與少數民族飲食口味逐漸影響、混雜的結果。

在明代，食譜《易牙遺意》中也有「捲煎餅」的做法：「餅與薄餅同，用羊肉二斤，羊脂一斤，或豬肉亦可，大概如饅頭餡，須多用麵糊粘住，浮油煎，令紅焦色。」《明宮史・飲食好尚》中也說：「立春之前一日，順天府於東直門外，凡勳戚、內臣、達官、武士……至次日立春之時，無貴賤皆嚼蘿蔔，名曰『咬春』，互相宴請，吃春餅和菜。」立春季節，春回大地，農民栽的蔥已出嫩芽稱羊角蔥，鮮嫩香濃，吃春餅抹甜麵醬，捲羊角蔥，也有「咬春」的含義。

到明清之時，春捲一詞已經出現了。隨著烹調技術的提高，春捲不僅是民間食品，而且成為宮廷糕點，登上了大雅之堂，滿漢全席一百二十八道菜點中，春捲是九道點心之一，而春捲也發展成為了或甜或鹹多種口味。

近代，立春食春盤的風俗仍然流行。祖籍揚州的著名作家汪曾祺曾在詩作中寫道：「不覺七旬過二矣，何期幸遇歲交春。雞豚早辦須兼味，生菜偏宜簇五辛。」其中的五辛，是指揚州人立春時吃的新蔥、韭黃、蒜苗、蘿蔔、芫荽。

然而到如今，吃春餅的習俗已經式微，春捲儼然取而代之了。要問為什麼，我只能說，春捲捲著春天，或者它是春天才可以吃的捲，或者吃著它感覺像在春天。

因了文人意趣的浸染，春捲似乎不是俗物了；因了春捲積極參與，文化是那麼的天地圓融。

有人說中國的文化是飲食文化，西洋文化是男女文化。我想，是有道理的。春捲這種應時食物，就與傳說、故事相勾連。因了文人意趣的浸染，春捲似乎不是俗物了；因了春捲積極參與，文化是那麼的天地圓融。

「春捲饞得佛跳牆」就很有意思。古時京城，有位僧人來到楚國江陵某地，住在一座小破廟裡。緊挨著廟的是一家酒店，生意興隆，遠近聞名。一天晚上，僧人正在廟中打坐念經，忽聞得從酒店傳來陣陣香味，原來酒店廚師在烹製春捲。僧人不禁垂涎欲滴，自從出家為僧以來，天天吃的是清淡素食，已有多年沒有聞過這種香味了，更不用說去親口品嚐一下這種誘人的美食。僧人獨自住在廟中，實在難以擋住這美味佳餚的誘惑，他管不了那許多清規戒律，大膽地從廟後屋跳牆來到酒店飽餐了一頓。

後來，僧人跳牆尋美食的故事傳了開來，僧人食過的春捲便成了這兒的名食了。凡到江陵來的人都要首先去品嚐一下春捲，領略一下古時高僧跳牆尋美食的滋味。後來，有人賦詩道：「春到江陵捲異香，無怪高僧跳高牆。」

異香只說出美食真諦的一半，另一半是：吃一款美食，是一次修行。

福州春捲，歷史悠久。有歷史就有故事，有故事就能吃出幸福的味道，也能吃出惆悵的味道。但這幸福或者惆悵的味道在舌尖上都以快樂的形式舒捲著。舒捲著，如煙如雲。

相傳宋朝年間，有一個書生名叫陳皓，年方十八，才貌出眾。他有一個非常聰明、賢慧、漂亮的妻子，叫阿玉。兩人你敬我愛，情投意合。

陳皓有志氣，有抱負，讀書專心致志，常常日以繼夜，通宵達旦。賢慧的阿玉眼看著自己丈夫消瘦下去，心裡好不難受。為了照顧陳皓，她總是伴隨著他起五更，睡半夜，每餐給他送去香美可口的飯菜。但陳皓讀書實在太專心了，經常忘記了吃，阿玉只好拿去熱了一次又一次。阿玉想：老這樣下去，丈夫的身體累垮了，如何是好？她想啊，想啊，終於想出了一個好辦法。

第二天，阿玉用米磨成粉，製成皮，包上肉和菜，加上佐料作為餡，然後用油一炸，一股香氣撲鼻而來。既能當飯，又能當菜，既省時間，吃起來也方便。陳皓從心裡感激賢慧的妻子對自己的體貼關懷，從此他餐餐吃得香，吃得飽，讀書的勁頭更足了。

不久，陳皓進京趕考，一路上除了帶去應試的用品外，攜帶的乾糧，就是妻子特地給他製作的這種食品。

三場試畢，陳皓得中頭名狀元。紅榜一出，他高興得把自己帶來的乾糧送給考官先生品嚐。先生一吃，讚不絕口，便問陳皓是從哪家名師的飯鋪裡買的。陳皓笑著告訴他，是自己的妻子做的。先生一聽，詩興大發，頓時寫詩作文，一時紛紛傳聞，並稱這乾糧為「春捲」。

從此，福州春捲名聲大振。後來吃的是傳說，吃的是傳說中的神秘，已不是福州春捲了。

趁熱咬下去，熱氣往外一冒，嘿嘿，春捲那個香啊，頓時連同春天的氣息，彌漫了整間屋子。

春捲也有南北之分，在製作上各地也各有特色。特色就是意思，沒特色就是沒意思了。廣東省東江地區的炸春捲不使用麵皮，而是用雞蛋皮包餡；浙江寧波的「捲餅筒」是用大薄餅捲入各種餡料，在平底鍋上烙熟的；福州人吃春捲頗有自助餐特色，各人自取麵餅包入自己喜歡的餡料，現做現食；而久負盛名的揚州春捲則以做工精細、皮薄如紙而著稱，其餡料多達數十種，有韭菜肉絲、雞絲蝦茸、素什錦、細豆沙等，是宴席上的佐酒佳餚。

春捲好吃，皮是關鍵。烙春捲皮是項技術活，首先麵要調得好。一盆麵稀溜溜的，有點像漿糊。麵團抓在手上，要不停地上下顫動，近似拍球。在似彈似墜間，將麵團朝煤爐上的鐵板一摁，隨即作順時針轉動，然後把麵團一提，用小鏟一挑，一張春捲皮便做好了。整個製作過程，如行雲流水，一氣呵成。一張圓圓的春捲皮，像個小鍋底，其厚薄程度，似紙張似蟬翼。通常一市斤春捲皮，要達到六十張以上，這才見功夫。偏薄，包出的春捲易斷、露餡，大煞風景；太厚，那就成了麵皮，令人興味全無。

皮之不存，毛將焉附？皮很重要。臉皮也是皮，人不講臉皮，脊樑就會缺鈣。

江浙春捲餡料也很有講究，甜餡多以豆沙為主。鹹餡一般用韭黃加絞肉。將春捲皮平鋪，在中間偏下的地方擺放條狀餡料，兩邊各留出兩指寬的空間來，然後將春捲皮的底部往上折起，包住餡料，再把兩邊向中間折起，最後把已經包好的半邊朝上捲起，就成了。把春捲放到燒熱的油鍋裡炸到金黃即可，鹹餡春捲蘸醋吃最好，又香又脆，一口咬開，會有熱氣冒上來，也有餡汁流出來，實在是道好點心。點心點心，既是一點心意，又是星星點點。

「謂君口腹終於極，春光過眼應同惜。門外江船行且歸，君不見，昨夜南風吹紫雪。」曹寅的詩告訴人們應節的重要性。食物現在竟然還會受到季節性的尊重，這真是令人感動。因為春捲的時節性，所以這道點心永遠是和過年節的氣氛聯繫在一起，成為喜悅團圓的象徵。

做人一種檔次，這在莊子書中能找到。做詩有兩種檔次，在宋人詩話裡可以看到。做學問有三種檔次，王國維的《人間詞話》寫得清楚明白。長沙春捲有三個檔次，這是我的想法。

長沙春捲第一檔是酒席上作點心的，餡用冬筍、魷魚、火腿、裡脊肉切絲下鍋炒出香味，再和韭黃、香椿芽加香麻油拌勻，然後用特製的「春捲皮子」包起炸熟裝盤上席；其質量高於第二檔的是筍必須是冬筍，肉必須是裡脊，魷魚得用本店「發」的上等貨，特別是得放香椿芽，這在初春是很貴的野蔬，一兩的價錢差不多買得半斤肉了。第二檔則是茶館裡炸來供客的，個比酒館的大，長逾五寸，寬可寸半，最厚處約四五分，餡料則用大路貨，但也有一個特色，便是常以臘肉代鮮肉，為我所喜，最多時一次吃過六七個；其實，正常人一碟四個也就足夠了。而酒席上的點心至少也有二色，如果上春捲，通常另一色則是甜的蒸點，每樣每人兩件，又小，所以總是不過癮。第三檔則是在街頭巷口支著油鍋炸的，餡以韭菜為主，略加碎肉和「水筍子」（用筍乾泡發切碎，菜場內常年有售），但趁熱吃仍然香脆可口；因為茶館裡早晨和上午只賣籠蒸的麵點，不炸春捲，而且小攤上的價錢也更便宜，所以食者仍然不少。三個檔次，面向不同顧客，這就是樸素的營銷理念。高深的理論，總有最簡潔的詮釋。

天津人有「衛嘴子」之稱，與「京油子」相映成趣。但比起「京油子」玩世不恭的「油」來，「衛嘴子」更帶有碼頭「青皮」的「賴」和商埠商民的「奸」，「賴」則執著，「奸」則機巧，所以天津的相聲不像北京那樣「滑」，卻更耐咀嚼。天津太接近政治權力中心，風頭都被北京搶走，在北京的襯映下不免顯得灰頭土臉。天津人的「青皮精神」也沒有發展成上海市民的那種獨立的個性意識，但正因為這樣，與北京人和上海人相比，天津人更顯得質樸，也更令人信賴。天津春捲也很質樸，也很令人信賴。餡料是綠的韭菜、黑的香菇、紅的胡蘿蔔、白的綠豆芽、黃的雞蛋皮等，五顏六色，非常好看；皮非常薄，包好後可以隱約看到裡面餡料的顏色，用「白雲深處裹春色」來形容再恰當不過。油炸春捲講究火候，用旺火雖快，但外焦內冷，使不得；用溫火炸出來的春捲，外黃內綠，外脆內熟，色香味俱佳。火為烹調準備了條件；烹調實質上是火與鹽的結合，熟食與調味的結合。

川人偏居一隅，獨享其樂，雖窩在盆地中，但藏龍臥虎，出一些怪才。怪才做的成都春捲也怪。它用麵粉加水和少許川鹽調製成濕麵團，用「雲板」鍋攤成春捲皮，捲食各種涼拌菜肴或韭黃肉絲、蒜苔肉絲等炒製菜肴。各種春日的新鮮蔬菜，被細嫩而綿韌的春捲皮包裹，吃起來十分別致，再加上以芥末粉、調以醬油、醋、辣椒粉、熟芝麻、花生碎粒，更是妙不可言。特別是芥末用於冷菜調味，構成了別具風格的芥末味型，那種強烈的辛椒辣味，可使人精神為之一振。芥末還有健胃、利氣、祛痰、發汗散寒、消腫、止痛的作用，食後讓人感到渾身通泰。蜀人在飲食上自古就有「好辛香、尚滋味」的特點。而「芥末春捲」恰好充分體現了這一特點。芥末春捲「怪」出特別的愛，獻給特別的你。

雲南人雖然也說西南官話，但多捲舌音，舌尖功夫十分了得。所以，雲南春捲重味道。所謂味道，味是道，既然是道，即使是非常道，也有道得明的地方。雲南春捲用甜醬油調味，特別要加香椿和韭菜以顯示春臨大地，百物復甦，春意盎然。成品色澤金黃，整齊美觀，外酥內軟，鹹中回甜，餡鮮味美，蘸吃醋汁，醒腦開胃。這才知道，春捲裡真的有鳥語花香。

在法國的中餐館，最著名的頭道小菜就是春捲。法國人特別饞涎中國春捲，久而久之，有感而發，把「一捲不成春」和「獨木不成林」一戲稱等同而流傳為中國諺語掛嘴邊。

令我念念不忘的是地菜春捲。地菜，立春後生長的一種野菜。從感性角度來說，同樣是植物，野菜似乎更親近自然，它是未「馴化」的生靈。它歷來為廣大人民群眾所喜食，是老百姓三春度荒的食物。

地菜個性強，跟什麼一起炒，它的菜味不會被擠走。地菜的色就是香，就是味，味中之味，身體裡的身體。一股清寒的苦味，越嚼越有味。嚼著嚼著，就被文人嚼出了戲劇《五典坡》：唐朝王相府的三姑娘王寶釧，拋彩選婿，彩球被一個叫薛平貴的青年得到。但由於薛出身貧窮，他們的婚姻遭到了王相爺等人的反對。王寶釧為爭取婚姻自由，執意不遵父令，被逐出家門，遷居郊外「五典坡」，靠吃地菜等野菜流過了十八個春秋，終於與其相愛被征從軍的薛平貴團聚。

王寶釧和薛平貴團聚了，雖很清苦，但它清苦的味道停留在舌尖上的感覺，卻很甜蜜。地菜就是演繹《五典坡》的王寶釧和薛平貴。地菜的味道，是貧而不移的感歎，不是苦，是苦盡甜來。

只是現在，地菜被請進了大棚，被教化為家蔬了。我不知道，多少年以後，地菜會不會失去了故鄉！

包地菜春捲是項輕鬆愉快的勞動。一家老少，圍坐在一起，說說笑笑，由巧手媳婦出個樣品，然後大家依其長短肥瘦，依樣畫葫蘆。這樣包出的春捲，整齊劃一，齊刷刷的，像儀仗隊一樣，漂亮！我那未成年的女兒，熱愛勞動，對包春捲已有五年的「工齡」。看她一雙小手，上下翻飛，靈巧極了。有時我乾脆讓其代勞，只在一旁抽菸觀賞。其實，觀賞包春捲也真是一種享受！

你不下油鍋，誰下油鍋！

包好的春捲有序地投放入滾沸沸的油鍋裡，炸至金黃酥脆，看上去與市場買的區別不大。趁熱咬下去，熱氣往外一冒，嘿嘿，春捲那個香啊，頓時連同春天的氣息，彌漫了整間屋子。

粽子今昔

無論是漢族還是其他民族，粽子的原始文化功能與屈原是沒有多大聯繫的。

我舒展的味蕾在端午節擁抱粽子，快樂順著我的牙床，完成了從口到心的旅行。在氣味、滋味與回憶重逢的那一刻，我發覺我的感覺醒著，我應該與粽子進行對話了。

聞一多先生考證，早在屈原投汨羅江之前，吳越一帶就已有過端午節的傳統。賽龍舟，吃粽子，最初並不是為了紀念屈原，而是為了娛悅水神——也就是蛟龍。龍，凝聚、積澱、蘊藏、體現著一代一代的祖先對這個世界的認識、理解、敬畏和審美，它使遠古活到今天；今天，我們依然將自己的所思所想、所求所願，投注、寄寓、昭示在龍的身上，它使我們活到永遠。龍，是不死的生存。龍，是另一種活著。

看過《邊城》的人，不會忘記沈從文筆下的湘西的端午節。賽龍舟和吃粽子自然是必不可少的，還要穿新衣，用雄黃酒在額上畫「王」字，比較特別的是在碼頭看年輕小夥子鳧水捉「綠頭長頸大雄鴨」，這個習俗，其他地方似乎沒有。翠翠第一次見到儺送，就是在一個端午節的夜晚，在看完了賽龍舟之後，獨自一人在碼頭等她爺爺，唯一陪伴她的，是一隻不會說話的黃狗。遺憾的是翠翠沒有吃粽子。倘若吃了，等人的翠翠或許會更細膩、更融入，層次感更豐富。

據《續齊諧記》，人們最早用竹筒貯米投水，祭祀屈原，漢建武中，屈原白日顯聖，說大家投入水中的祭物都被蛟龍搶去了，以後要用楝葉塞住竹筒口，並用五彩絲線縛住後，再投入水中，因為蛟龍怕楝葉和五彩絲。這自然是小說家言，不能相信。

史料中關於粽子的記載，始於東漢。當時的粽子包成牛角狀，稱為「角黍」。西晉周處《風土記》稱：「古人以菰葉裹黍米煮成，尖角，如粽櫚葉心之形。」這樣說法比較抽象。在《本草綱目》裡講得很清楚：古人做的粽子，主料是黍米，用菰葉包著它，尖角，「如棕櫚葉心之形，故曰粽，曰角黍。」角黍，像中國的水墨畫，寫意的神似。

其實，居住在西南地區的少數民族也有食粽之俗，或稱「粽子」、或稱「油粽」、或稱「粽粑」，饋獻食用的日期是五月帶五的日子，也有六月初六或夏曆元旦。有關食粽的來歷，亦有不同的講法。如布依族傳說，某年六月初六中午時分，一個叫妹竹的少婦從田頭趕回家，為守山的丈夫做飯。她想，如果昨天多送點飯去，丈夫現在就不用餓著肚子等了，可在大熱天裡，頭一天做的飯不能放到第二天。妹竹想出了一個辦法，她摘了許多竹葉，回家煮了鍋臘肉丁糯米飯，用竹葉包成三串，送給丈夫。丈夫和同伴分享之後，都誇香美可口。從此，人們就用竹葉或高粱葉包上糯米、臘肉丁、酥麻等，煮熟後食用。這種說法似乎太「直線」。任何事情的成功並不那麼一帆風順。完全可以作這樣的推測：夏季農忙時節，農民無暇做飯，常飽一頓餓一餐，便想法保存熟食。當初用竹筒儲飯，後來發現生米包在竹葉裡煮成熟飯，不僅更適合儲藏，且別有風味，於是就產生了粽子這種夏令食品。

無意造就美食。簡單的搭配，樸素的滋味，不為油鹽柴米所累。就單純地吃著粽子，就靜靜地享受生活本身的單純。

就想。無論是漢族還是其他民族，粽子的原始文化功能與屈原是沒有多大聯繫的。端午節以粽子祭祀屈原，不過是原來風俗的演變和發展；不過是人們對屈原的愛國主義精神、廉潔品格的崇敬。「祭屈原說」的影響越來越大，從而形成了風氣，歷久不衰。

從粽子看，各國的飲食既有相互交融的一面，又無不烙上自己的民族風格和審美情趣。

雜談粽子，浙江嘉興「五芳齋」的粽子是漏不得的。應該說，它是粽子家族中口碑最好的。試想，大大糯糯的甜粽當中，臥著厚厚的紅豆沙，是自家製的用沙布濾去了豆皮的那種，旁邊是一大塊亮亮的豬油，這樣的粽子可以想見在經過了蒸煮之後，是怎樣的一種油潤甜蜜？鹹粽子有相近的風格，只是餡換成了在醬油裡浸泡了良久的瘦肉條，煮熟後，肉鹵已經漬出了粽葉外，是怎樣的一種誘惑？

「五芳齋」是嘉興最具代表性的本土品牌，與嘉興特有的自然、地理、歷史、人文環境息息相關。江浙一帶，既是中國歷史上最早和最主要的稻作區，同時也是最主要的端午競渡文化區，從遠古的農業文明發軔到吳越文化、楚文化，這裡都留下了深厚的積澱。這無疑對粽子文化在本地區的生存與發展產生決定意義的影響。

嘉興是馬家浜文化的發源地。悠悠歲月，迄今六、七千年了。從羅家角遺址考古挖掘出大量的秈稻和粳稻遺粒證明，嘉興是世界上稻米的發祥地之一，稻作文化之燦爛足以令世人矚目。嘉興的先民在幾千年前就學會了水稻栽培和製陶，因此，用植物葉子包裹稻米燒煮後作為食物，已成為常事。

中國的小吃文化南北差異很大，北方稱「官禮茶食」，南方以「嘉湖細點」最為著名。歷史告訴我們，自明朝永樂以來，文化中心一直在江南一帶。這裡官紳富豪生活奢侈，茶食一類也就發達起來，點心等製作得非常精美。即使是民間小吃，也做得十分考究，而且品種豐富。嘉興粽子傳承了「嘉湖細點」精益求精的製作工藝，博採眾長，並不斷革新，成就了「五芳齋」粽子的百年不衰。

「五芳齋」粽子提升了嘉興，嘉興成就了「五芳齋」粽子。

與浙江緊鄰的江蘇，他們的粽子會包得比較緊，就算有餡，基本上也是淡味的，因此即使是甜粽子，還是可以蘸糖吃，最乾淨俐落的是涷的白粽子，硬硬的去蘸白糖，很是清爽。

清爽，就是在細節上十足的認真。哪怕它是一只涷著的白粽子。

北京粽子是北方粽子的代表品種，以北京江米小棗粽子為佳。其個頭較小，呈三角形或四角形，多數用大黃米和紅棗、豆沙為餡，少數以果脯為餡，粘韌清得，別有風味。河北、安徽粽子裡也能見到整粒的紅棗，也會放紅豆，甜鹹都有。粽子中有紅棗、紅豆，境界忽地跳出來了，使厚實的粽子變得輕靈，像張先「雲破月來花弄影」中的「弄」字，意象組合生趣盎然，感情色彩十分豐富。美食講境界，有境界的美食直指人心。

湖南的風俗是，一個家庭裡只要不是有什麼特別重大的事情發生，到了端午都是要包粽子的。除了瘦肉，還放鮮的或是鹹的鴨蛋黃，最好吃的粽子是放一層米，再放一層醃好的肉，如是者三。如是者吃的是複合口感。複合口感是水墨畫裡的筆墨。

貴州的粽子很大，人稱「枕頭粽」是鹹的，裡面放臘肉和香腸，慢慢蒸熟。這種粽子的特質在於，包的時候一定要有「鼻樑骨」。廣西粽子的個頭也不小，有一斤多重，會讓人聯想到毗鄰的越南粽子，又細又長，一個粽子足夠一家人食用。大與小是相對的，多大才是大，多小才是小？美食永遠不排斥人工，它更多的關注則在於審美主體對表達結果的體認。

廣東粽子是南方粽子的代表品種，個頭較大，外形別致，狀如錐形，品種很多，有蛋黃粽子、什錦粽子、燒鴨粽等，以鹹味為主，最傳統的是裹蒸粽，裡面放鴨肉、栗子、乾瑤柱和北菇，甜味的有金華火腿鹹肉粽、綠豆鹹水粽，是用來蘸白糖冷吃的。現在的粽子餡經過了發揚光大，已經涉及各個價值領域，海鮮包進粽子由來已久，就是見到鮑餡、魚翅餡、燕窩餡，也不必太驚奇。肇慶的煎粽，是把裹蒸粽踏平了，雞蛋打勻後，裹在外面，再放入油鍋裡煎。潮州的雙拼粽，自成一派，一頭用鹹料，一頭則用甜料，一粽兩味，故稱「雙拼粽」。海南粽子呈方錐形，它外包芭蕉葉，糯米中有鹹蛋黃、紅燒雞翅、叉燒肉、臘肉等，頗有風味。熱粽剝開，先有芭蕉和糯米的清香，後有蛋、肉的濃香，色香形兼有，葷素味俱備，令人胃口大開。飲食之道，色相與味道要能「雙拼」，幾乎是難得一見。生活中何嘗不是如此，英俊的男人往往缺乏氣質，有氣質的男人常常不夠英俊。英俊就是色相，氣質就是味道。

台灣粽子帶濃厚的閩南風味，品種甚多，有白米粽、綠豆粽、叉燒粽、八寶粽、燒肉粽等。燒肉粽最為流行，其餡料豐富，包有豬肉、干貝、芋頭、蚶乾、鴨蛋等，成了一年四季都有的傳統小吃。新竹的「成家肉粽」、彰化的「肉粽和」、台南的「再發號肉粽」都很有名氣。八寶粽也是代表品種，選料多樣，將豬腿肉、肥膘、栗子（或花生仁）、蘿蔔乾、魷魚分別切成丁，入鍋燒熟，先下洋蔥，再加以配料及油、醬油、麻油炒勻，與糯米拌合，裹紮蒸熟，香味濃郁。風味當隨地域。對一個地域有所瞭解的話，大致可以推算出這個地域的風味。

粽子，不但平民百姓愛吃，而且受到歷代帝王的喜愛。據清朝《御茶膳房》記載，有一年過端午節，乾隆皇帝共用了一千三百三十二個粽子。當然，皇帝和后妃們根本吃不完這麼多粽子，大部分賞賜給下屬了。有一年，乾隆皇帝，端午節在宮中吃了九子粽後，龍顏大喜，讚不絕口，欣然賦詩一首：「四時花奇巧，九子粽爭新。」九子粽是粽子的一種，即為九顆粽連成一串，有大有小，大的在上，小的在下，形狀各異，非常好看。並且九種顏色的絲線紮成，五彩繽紛。九子粽大多是作為母親送給出嫁的女兒、婆婆送給新娘的禮物。「粽子」諧音「中子」，吃了「粽子」，就能得到兒子。清代詩人吳曼雲，有一首讚美九子粽的詩篇：「裹就連筒米宿春，九子彩縷紮重重，青菰褪盡雲膚白，笑說廚娘藕復鬆。」九子粽不是數一數二的，而是獨一無二的。數一數二是數出來的，獨一無二不是數出來的，是吃和看出來的。

飲食是一種文化，文化的傳播不受國界影響。作為「國粹」的粽子很早以前就出國了，一顆一顆洋粽子成為它的「孿生兄妹」。

大約在一千多年前，我國的粽子就東渡日本。但不叫粽子，名為「茅捲」。其著名的品種有供宮廷享用的御所粽，大眾享用的桃葉粽，而大和民族的粽中珍品是黃裡泛紅，色如琥珀的朝比奈粽。茅捲這個名稱真的不錯。茅捲的味道，對我而言，像是歷史的味道。為什麼，我也不知道。

越南、泰國和柬埔寨的粽子也有其獨到之處。越南的粽子有方形圓形兩種。圓代表天，方代表地，天地方圓，吃粽子會風調雨順，五穀豐登。泰國的粽子僅雞蛋般大小，呈淡綠色，小巧玲瓏，很可愛。值得一提的是柬埔寨的布袋粽。它把主料和輔料一層隔一層地塞滿布袋，然後紮緊蒸熟，吃時剝去布袋，用刀分割而食之。據說，這種吃法借鑑於我國糯米桂圓蒸豬肚的做法，可謂別具一格。

在拉丁美洲許多國家裡，粽子同樣深受人們喜愛。但粽子的主料和大部分輔料與我國的相異。多為玉米、土豆、胡蘿蔔等。這是有原因的。在四百多年前，西班牙殖民主義者統治了拉丁美洲的大部分地區，許多印第安人被迫服勞役。婦女們為讓其丈夫或兒子能吃到可口的飯菜，就把煮熟的玉米粉和土豆、胡蘿蔔一起用玉米葉包起來，作為乾糧，便於攜帶和貯存，久而久之就形成了今天的粽子。墨西哥的粽子叫「達瑪爾」，是用玉米葉包上粗顆粒玉米及肉類輔料紮成的長條形食品，有一百多種款式。哥斯大黎加的粽子是用香蕉葉包成的扁方形，然後煮至斷生，再至火上烤熟，吃時蘸肉汁，鮮美無比。

吃拉丁美洲粽子時，宜看輕巧、調戲般的恰恰舞蹈，宜聽和聲濃郁、節奏獨特的拉美排簫，宜讀諾貝爾文學獎作品《百年孤獨》。

一滴水能觀大海，一片葉可知太陽。從粽子看，各國的飲食既有相互交融的一面，又無不烙上自己的民族風格和審美情趣。

粽子一半是精神，一半是世俗。國人從來不缺世俗，等精神重新來到我們中間，這個端午節是如此溫情而韻味綿長！

我對超市裡賣的冷凍粽子素來不感興趣，冷凍的粽子除了有粽子的外形，純的味道已經差得太多了。中國飲食鼻祖伊尹講：「鼎中之變，精妙微纖。」冰箱冰櫃給我們的生活帶來了便利，但也會錯亂某些食品嚴格的規程。規程一變，粽子的味道就變，小錯小變，中錯中變，大錯大變，確確實實是立竿見影的。

我不喜歡冷凍粽子還有一個原因，那就是我母親是包粽子的高手。我到外地工作以前，每年在家都可以吃到她包的粽子，除了精緻的做工和香甜的味道，還有一種濃濃的親情在其中。

在我老家過端午節，雖然沒有賽龍舟那樣的節目，但吃粽子還是家家戶戶必不可少的。小時候的生活水平比不了現在，從六十年代過來的人都有體會，很多人家還在為溫飽發愁，能吃到粽子已經算是比較奢侈的美餐了。幸運的是，老家所在地的物產比較豐富，包粽子的原料本地都有，農村來的親戚們，也會帶來點紅棗、花生、糯米等土特產，雖然不多，但包一次粽子還是足夠的。

我從小就喜歡吃粽子，也喜歡看母親包粽子，母親包粽子就像是個複雜的工程，有那麼多的工序。儘管現在我也會做飯，也能炒一手好菜，但包粽子我卻不會，也許是因為看母親包出粽子的精巧和細緻，在我的意識裡，那似乎太複雜、太女性化了，我對自己能不能做好，始終沒有信心。

母親包粽子時，頭一天就要將要用的各種米、豆類、花生、紅棗洗好泡上備用，第二天買來新鮮的葦子葉和馬蓮（一種類似韭菜的植物），淨「身」。母親將兩、三片葦子葉疊在一起，折捲出一個尖來，依次放上浸泡的米、做好的餡和兩個紅棗、兩粒花生米，點綴紅小豆、飯豆、綠豆什麼的，再將葦葉從後向上一折，馬蓮攔腰一繫，一個粽子就包出來了。母親包的粽子「肚子」裡有貨，比市場上賣的粽子個頭兒顯得稍大。包好的粽子是長菱型，兩頭大，中間細，外表光光滑滑、整整齊齊的，像蝴蝶結。

下鍋煮粽子，定能煮出滿屋子裡葦子葉的味道，在巷子口也能聞到。粽子煮熟撈出，用冷水浸一下，好剝。剝開的粽子放在盤子裡，江米露白，大黃米泛黃，高粱米顯桃褐，已經是春天了；棗、豆、花生米也爭春，使盤中的春天更濃。總引得我迫不及待地趕快吃兩個。粽子入口又粘、又香、又軟，不同的餡溢出不同的味道，尤其是葦子葉的清新味滲入米中，那種清香，會讓人永不相忘。而超市裡的粽子，是煮熟後冷凍的，買回家需要再加熱才能品嚐，粽葉清香蕩然無存。清香，不能「梅開二度」；清香，屬於「原配」。

一種食品能引起人的食慾，最起碼有兩個亮點，即好看又好吃。從好看到好吃，是一個唯美的過程。二者統一了，就有極致的享受。

超市的粽子，是冰了的東西，硬綁綁的，第一感覺就是心疼。不喜歡一個人是事實，事實可以解釋，而不喜歡一種食品是一種感覺，感覺是不可理喻的。再加上捆綁的線繩，橫七豎八，簡直就是用葦葉把米包在裡面了事。我的第二感覺還是心疼。心疼復心疼，罷罷，咱就「揮一揮衣袖，不帶一絲雲彩」，與超市的粽子「拜拜」了。

我想念故鄉的粽子。每年端午節和母親通電話的時候，我都提到想吃家裡做的粽子。母親表示無可奈何，天氣熱路途又遠，粽子實在無法郵寄，等寄來恐怕就壞了，即使沒壞，裝在包裝箱裡捂兩三天，等到我手裡，那味道也可想而知了。這些我當然明白，只是因為想吃，說說罷了。

二〇〇三年端午節的時候，母親說帶一些粽子來和我們一起過節，我喜出望外。中午我在車站接到母親，捧著那裝著粽子的小紙箱，不知道是高興還是感動，竟然有想流淚的感覺。

我的孩子已經讀初三了，今年端午節前兩天，她給老家打電話，竟然說特別想吃奶奶包的粽子，說得奶奶泣不成聲。孩子是上個世紀九十年代出生的，和我小的時候不一樣，幾乎是什麼好吃的東西都吃過，也喜歡吃麥當勞等洋速食，但她奶奶包的粽子，一直是她念念不忘的東西。端午節想家鄉的粽子，在孩子身上，照出了少年的我。

我曾經感慨，現在的小孩，對傳統節日已經看得很淡了。隨著生活水平的不斷提高，物質供應的豐富，吃粽子已經是很平常的事，即便不是端午節的時候，只要想吃，在超市裡幾乎隨時都能買到。人們在吃著粽子的時候，會不會忘掉它所代表的傳統節日的含義，還會把它和悠久的民族文化聯繫起來嗎？

我孩子在端午節的時候想到家裡的粽子，使我感到欣慰。或許是潛移默化的影響，使她對民族的傳統節日留下了深刻的印象。由此我忽然發覺，並不是下一代人在忘記傳統節日，而是因為我們好多上一代人對傳統節日已經不再重視。傳統是代代相傳的東西，上一代人身上已經淡化的東西，怎麼能責怪下代人沒有深刻的印象？我喜歡吃粽子而我孩子也喜歡吃粽子並不是一種必然，但相同的東西或許總能表現出一種相同的思緒。對我們來說，粽子是一種對家、對親人的思念，是親情的一脈相承。

粽子毫無疑問就是一種有福的食物。時代發展到今天，一種精神上的「粽子」已經誕生了。這就是「粽子短信」。

「送你一個粽子，含量成分：一〇〇%純關心；配料：甜蜜＋快樂＋開心＋寬容＋忠誠＝幸福；保質期：一輩子；保存方法：珍惜。」

「今天端午節！我收集世上一切美好的東西為原料，用無憂為外衣，以我的真心祝福為絲帶為你包了一個特別的粽子送給你！吃了它你永遠快樂、幸福。」

「我是粽葉你是米，一層一層裹住你；你是牙齒我是米，香香甜甜粘住你；粽子裡有多少米，代表我有多想你；記著給我發資訊，不然粘米噎著你。粽子節甜蜜！」

「粽子香，香廚房；艾葉香，香滿堂；桃枝插在門框上，出門一望麥兒黃；這兒那兒都是端陽！端午節快樂！」

「送你一個香甜的粽子，以芬芳的祝福為葉，以寬厚的包容為米，以溫柔的叮嚀做餡，再用友情的絲線纏繞。願你品嚐出人生的美好和五月的春天。端午節快樂！」

……

往年的端午節，似乎總是在不經意間滑過，就算想起來過，也只是吃吃粽子而已。為什麼有短信的端午節如此特別，受到人們格外的重視？

粽子一半是精神，一半是世俗。國人從來不缺世俗，等精神重新來到我們中間，這個端午節是如此溫情而韻味綿長！

鹹蛋記趣

放開肚子，瀟灑地吃一回鹹蛋，恐怕是端午節這天。

先有雞還是先有蛋，這是一個至今依然弄不明白的難題。不過，是先吃雞還是先吃蛋，答案應該是明朗的。想當初，人類祖先裹著樹皮樹葉到處「謀食苦」的時候，雞應該是野雞，有腿有翅，會飛會跑，吃它們並不是那麼件易事；而蛋則老老實實地留在窩裡，首先被吃是理所當然的事情。由此再推及，先吃一般的蛋後吃鹹蛋，也許不會有錯。

鹹蛋最早的學名叫鹹蛋杬子、鹽鴨卵，俗名叫鹹太平、千年蛋。大約在南北朝之前有人製作，發明人是誰，已經不可考了。至今能查找到的最早見諸文字的記錄，是農學家賈思勰約在六世紀三〇年代至四〇年代間寫成的一部農學名著《齊民要術》。《齊民要術》卷六載：「杬木皮，淨洗細莖，煮取汁，率二斗。及熟，下鹽一升和之，汁極冷內甕中。浸鴨子一月任食，煮而食之，酒食俱用。鹽徹則卵浮。」短短幾十個字，說明了一種烹調方法，醃。一琢磨，說到底是一個過程，拿有味道的汁液浸泡某物，讓某物也染上這味道的過程。這個過程很有意思。人生，就很像醃的過程。人剛出生是鮮活和汁液飽滿的，也許是一棵白菜，也許是一塊豬肉，然後就掉進醃缸，也就是我們這個可愛的世界，被醃起來，失水、變顏色、表皮起皺，青春冉冉逝去，最後或者被認同，或者醃得長了毛，變成廢物。

那麼，杬木皮是什麼呢？

賈思勰注曰：「《爾雅》曰：『杬，魚毒。』」魚毒，是草名，其汁可以毒魚。但是晉左太沖《文選・吳都賦》中有：「杬，大樹也，其皮厚，味近苦澀，剝乾之，正赤，煎訖，以藏眾果，使之不爛敗，以增其味，豫章有之。」沈如筠《異物志》：「杬子音元，鹽鴨子也，以其用杬木皮汁和鹽漬之。今吾鄉處處有此，乃如蒼耳、益母，莖幹不純是木。小人爭鬥者，取其葉擦皮膚，輒作赤腫如被傷，以誣賴其敵。至藏鴨卵，則又以染其外，使若赭色。」楊萬里是喜歡這種鹹鴨蛋的，有詩讚賞：「深紅杬子淺紅鮓，難得江西鄉味美。」詩雖兩句，倒讓我看出楊萬里師法自然，又跳出來冷靜理智地觀照與領悟其中所涵蘊人生哲理的性情，看出了一個偉大詩人日常生活以及他的交遊。

清代有一本烹飪名著，叫《隨園食單》，是袁枚在乾隆五十七年發表的。在〈小菜單〉中，有「醃蛋」一條。說：「醃蛋以高郵為佳，顏色細而油多，高文端公最喜食之。

席間，先夾取以敬客，放盤中，總宜切開帶殼，黃白兼用；不可存黃去白，使味不全，油亦走散。」這段話，為江蘇高郵的鹹鴨蛋「名甲鄉里」起了十分重要的作用。但我還是不太推崇《隨園食單》，它的文字大多停留在美食的色上，少了味，也少了香。美食文章，味之不夠，失之精妙；香之不夠，失之細膩。

事實上，鹹蛋有名氣的，不僅僅是高郵的。湖北省沔陽沙湖鹽蛋，河南鄲城唐橋鹹蛋，浙江蘭溪里桃蛋，湖南益陽朱砂鹽蛋等，也是鹹蛋中的佳品。

沙湖湖泊眾多，溝壑縱橫，水草豐茂，蝦肥螺密。這裡生長一種杵實、葉闊籽密而甘甜的麥黃角水草，含有豐富的類胡蘿蔔素，鴨子食用這種天然青飼料及蝦螺後，產下的鮮鴨蛋蛋白濃、蛋黃紅。「沙湖鹹蛋」歷史悠久。早在清朝光緒年間，當朝翰林大學士李福藻，返鄉探親時帶回兩船「沙湖鹹蛋」作為貢品。該蛋煮熟剖開後，蛋黃為朱砂紅，如菊花蕊一般，呈砂糖顆粒狀，油質四溢，色彩鮮豔，清香可口，皇帝、文武百官食用後讚不絕口。因之，李福藻的文章有個性，有沙湖鹹蛋的味道。

鄲城縣唐橋店位於黑河、晉溝河匯合處，匯流後名為茨河，是淮河的支流。在匯合口的水草叢中，生長著一種奇特的蝦，頭部發紅，夜間發光，當地稱為「火蝦」。鴨子吃了這種蝦，下蛋個大皮薄。經醃製，蛋清潔白如玉，蛋黃紫紅色如細粒朱砂，挑起蛋瓤油珠往下滴，鹹不濃、涔不甘，鮮美宜口。蛋黃還可入藥，附近群眾專買唐橋店「火蝦鴨蛋」治痢疾、胃疼。清乾隆《鹿邑縣誌》載：「唐橋店鴨最佳，以皮醃之，較諸南方高郵所製更為肥美，土人為之唐。其附近村莊，或有仿偽者，皆不及。蓋由於水土所宜，遷則弗能為良。」同一本縣誌，光緒版本再次重複：「唐橋店鴨卵黃大多脂，以鹽漬之，美過南方高郵州所製，土人謂之唐蛋，他村效製不能及也。」相傳當年劉秀為王莽所迫，路過此地，吃了火蝦鴨蛋，香浸肺腑，身輕體爽，連聲稱好，直到他做了皇帝還念念不忘。皇帝也是人，好吃的東西，只存留在記憶裡。

蘭溪里桃是水鄉，元代出版的《農桑衣食摘要》說：「……水鄉居者宜養之，雌鴨無雄，若足其豆麥，肥飽則生卵，可以供廚，甚濟食用，又可以醃藏……」。這裡的鹹鴨蛋具有「鮮、細、鬆、沙、油」六大特點，煮（蒸）熟後切開斷面，蛋白質地細嫩，蛋黃細沙，呈朱紅（或橙黃）色起油，周圍有露水狀油珠（俗稱掌心化油），中間無硬心，味道鮮美，色彩更美。好的鹹蛋，誘人的首先是色。色澤不能亮眼，就像沒有風情的女人，怎麼看總是少了點什麼。

湖南益陽的朱砂蛋最顯著的特徵是蛋黃紅。把熟鹽蛋一剖兩半，橘紅色的蛋黃，油亮而帶浸色，顆顆朱砂露黃間。只有捕食魚蝦螺蚌的鴨子，生的蛋才能加工成朱砂鹽蛋。圈養鴨生的蛋，蛋黃呈淡黃色，不泛朱砂，吃起來味道也差些。美食，就是美食其天性，不信還真的不行！

「曾經滄海難為水，除卻巫山不是雲。」他鄉的鹹蛋，無論怎麼好，也比不上我家鄉的。

我的家鄉山清水秀，土地肥沃。雞多鴨多，雞蛋鴨蛋也多。家鄉人也善於醃蛋。清明前後，雞蛋鴨蛋空頭的部分少。這時候，須擇好蛋，備用。醃製的方法既可用鹽水法，又可用包泥法。鹽水法，是一九四九年後興起的，簡單方便，但蛋殼易長黑斑，不美觀。最常用的還是包泥法。按一定的比例，取粘土、鹽和水混合均勻，穿在蛋的身上，置於罈中，密封。三十五天左右，便可去泥煮食。磕破蛋殼，蛋白細嫩，蛋黃鬆沙帶油，合胃口。

鹹蛋的吃法，帶有濃厚的民風。作小菜用，只須破頭掏食，一筷子扎下去，紅油直往上冒；招待客人，帶殼切開作冷盤，擺成五角星或梅花瓣，既中看又中吃；還可作涼菜，將鹹蛋與皮蛋一同夾細，混合一起，碰一下盤，蛋顫悠悠地晃，像瑪瑙。「瑪瑙蛋」真好，有視覺和味覺的雙重享受。

放開肚子，瀟灑地吃一回鹹蛋，恐怕是端午節這天。大人們將鹹蛋煮熟，塗上紅色，裝進小網袋裡。小網袋，我們那兒叫「蛋絡」，是大人們用彩線勾成的。小孩們作為飾物，掛在脖子上，或捉迷藏，或打家家。餓了，掏出來吃一個。吃相雖不雅，但十分坦率，真誠。

端午節掛鹹鴨蛋這個風俗的來歷，曾問過我的母親，母親不知道，她當時只知道給我掛，給我妹妹掛。直到有一年，我回老家探親向專事寫地方譜稿的老先生討教，才美美地舒了口氣。原來，「鴨」與「壓」諧音，掛鹹鴨蛋，就是壓邪。鹹鴨蛋也能驅邪匡正，豈不快哉?!還有，過了端午節，夏天就深了，湖泊小河、水庫塘堰，就是小孩的樂園，祈願村童像鴨子般自由快樂。沒有被水淹死的鴨子，只有被人吃掉的鴨子。

鹹蛋殼是有用的，裝螢火蟲。開口的地方，貼上一層薄紙，螢火蟲在其中閃著光，很誘人。最誘人的，是在晚上把蛋殼放入河裡。七八個小孩一溜排開，同時將裝有螢火蟲的蛋殼放在水面上。水走蛋殼走，像條小火龍；老是不散開，蛋殼打著旋兒，再看水面，倒映的星星也憑添了幾顆。這場面是迷人的，也富有詩意。小孩們止不住內心的激動，唱著家鄉里採茶戲的戲文，把淳樸的民風表現得有滋有味。

我要的幸福就這麼簡單，縈繞我的身邊，如煙如霧，如一條柔軟的毛毯，籠罩住我，包裹著我，維持這樣的狀態是我這輩子由心而發自覺努力的方向。

鹹蛋還可以當成原材料，做出許多可口的菜肴。

鹹蛋黃炒蟹就很不錯。青蟹一隻，洗淨、斬塊，切口處用生粉沾一下，放油鍋裡煎，煎的時候放幾片生薑，生粉處朝下，撒少許鹽；看到蟹的顏色從青變紅，放料酒，再繼續煎一下後盛起；鹹蛋黃六七個，蒸熟，碾成粉末，放少許鹽、料酒、少許水融化待用；鍋裡放些油，倒入蛋黃煸炒，火不要太大，等水分收乾後倒入蟹翻炒，撒蔥花。此菜可謂是土菜與海鮮結合，吃之伸伸舌頭，有一種力量在無聲蔓延。

現如今，螃蟹很貴，常人難聞黃油蟹味。不過，一道鹹蛋黃拌豆腐，可以解饞。選塊嫩豆腐，其口感滑而清且淡。而鹹蛋黃跟黃油蟹的膏比起來，濃、鹹不減，而甘、香更勝一籌。一隻上檔次的蟹統共油膏也只有那麼一點點，吃也就在吃得稀罕矜貴，乃宴請場合的「角兒」，而用鹹蛋黃替代之，不失為家常嚐美味的辦法，其實味道第一，無論貴賤，阿Q一下，吃得也高興。

鹹蛋黃瓜盅用料簡單。將黃瓜洗淨，削去兩端，留長段，再用小刀從黃瓜段的腰部以波浪形狀手法劃一圈，使其分二個鋸齒形邊的黃瓜盅，挖出瓜瓤後備用；鹹蛋黃煮熟攪碎，做成小丸子分別填入黃瓜盅，把枸杞放在鹹蛋黃上面，將黃瓜盅放入蒸鍋中蒸熟取出。坐鍋點火，放入高湯、雞精，燒開後用生粉勾薄芡，淋油攪拌均勻，澆在黃瓜盅上。簡單的黃瓜盅使人性豐富。豐富的人性是最大的善。

苦瓜清熱解毒，但因為苦，不少人繞道而走。倘若鹹蛋炒苦瓜，道就不繞了，道是立即咬！苦瓜切片，將生鹹蛋蛋黃碾碎。鍋熱油，先炒蛋黃至起泡，倒入苦瓜，撒進蒜末，迅速翻炒，鹹蛋白入鍋，炒勻就好了。單吃苦瓜，太苦，皺眉頭；再吃鹹蛋苦瓜，是香苦。香苦，是盛夏的風味。

我說的這幾道菜，是菜譜裡沒有的，都是一些家常菜，但我靜靜吃著，身體有些鬆散，心境卻更為寧靜，在對人輕輕的言語中，思維如水洗過後的清晰澄澈。這樣的時刻，適合這樣的菜肴，我要的幸福就這麼簡單，縈繞我的身邊，如煙如霧，如一條柔軟的毛毯，籠罩住我，包裹著我，維持這樣的狀態是我這輩子由心而發自覺努力的方向。

普通尋常的鹹蛋，有人還能與經濟指數聯繫起來。這人叫蕭瀾。蕭先生喜歡到生活的城市外走走。一個很平常的日子，一份很偶然的心情，一路走著。走著的感覺是一種釋放，一種自我的回歸。心中重擔卸落的蕭先生，自創了一個最簡單最直觀的指數——鹹蛋經濟指數，以窺斑見豹，看到這個城市的經濟水平。

當然，這裡鹹蛋只是一個參照物，你可以把這個參照物轉化成其他的尋常可見的生活用品。但是，切忌在選擇參照物上帶有地域色彩，這樣難免會引起偏差。比方在雲南山裡，芒果才五毛一斤，你不能把這個價格拿到東北去比較就說東北的物價高。同樣你也不能拿廣東二元一斤的木瓜和上海二十八元一斤的比較。

就蕭先生看來，以鹹蛋來比，還是蠻具有代表性的。有一年夏天，蕭先生在東北的一個靠著山腳下的小鎮裡暴走。那個小鎮真的很小，鎮中心的一條大路，還是土路，也沒有斑馬線之類的。路邊有很多板車上堆著一些常見水果。蕭先生在路中間走著走著，看到有人在賣一籃鹹蛋。這樣的一個小鎮上，鹹蛋肯定比上海便宜吧？誰想到，一問價錢，居然也要七毛一個。而上海的鹹蛋也不過六毛。蕭先生問為什麼小鎮的物價這麼高？當地人給出答案，這裡土地不長莊稼，大部分農產品，都是要繞出大山，去往鄰近的省分裡長途販運過來，而且沒有人肯販運，價格自然就高了。蕭先生看了一圈，發現這裡的普通居民生活水平的確一般，夜裡稍晚一點整個鎮全是黑暗一片，沒有街燈，沒有娛樂廳。但是，有一個現象，卻讓蕭先生想不出理由：小鎮這麼小，卻看到二家建設銀行網點。一位建行員工告訴蕭先生，在這個鎮上有五家建行網點呢！還有家工商銀行。這裡的建行網點，是小鎮上最豪華的建築了，仿巴洛克式的建築，巨大的羅馬柱、高高的階梯，與旁邊的平房和馬車，形成鮮明對比。

根據蕭先生估計，這個小鎮上的人月均收入僅為三、四百元，但想不出這麼高的物價居然能被這裡的人接受。衣食住行，是四大要事。衣能蔽體後，這最重要的就是食了，最簡單的恩格爾係數也是在消費指數上做文章。有時候想想，看一個地區的經濟狀況，真的不能光看GDP，有時看看鹹蛋指數就知道老百姓過得到底舒不舒服了。

蕭先生的「鹹蛋經濟指數」，讓我記起曾看到的一個資料：光緒皇帝每天吃四個鹹蛋，御膳房竟然開價十二兩白銀。於是，這位天子還問翁同龢。是否吃過這名貴之物。翁同龢世故得很，明知光緒上當受騙，卻不點破，而是十分巧妙地說，自己家端午時候吃過鹹蛋。翁同龢不肯告訴光緒鹹蛋的實價，是因為這樣做會斷宮中人員的財路，引起眾怒，不如揣個明白裝個糊塗，於己更為有利。果然，翁同龢的人氣指數飆升，宮中上下都說他「辦事漂亮」，「有口德」。不過，有人分析問題刁鑽，從幾個鹹蛋上，便可以斷戊戌變法實難成功。道理很簡單，皇上不諳世事，而重臣不肯講出真實情況，哪有不失敗的說法?!

這正是，要想治國平天下，先得把鹹蛋的價格搞清楚。

臘八粥話

臘八粥緣於佛教也罷，緣於民間習俗也罷，到了後來，生發的是一年農事結束，還有春節漸近的喜悅心情，一種迎接來年好收成的美好祝願。

臘八喝粥雖不是什麼節日，但在很多地方人的心中地位挺高的。北京就有民謠：「老太太，別心煩，過了臘八就是年。臘八粥，喝幾天，哩哩啦啦二十三；二十三，糖瓜粘；二十四，掃房日；二十五，炸豆腐；二十六，燉羊肉；二十七，殺公雞；二十八，把麵發；二十九，蒸饅頭；三十晚上熬一宵，大年初一扭一扭。您新喜！您多禮！一手白麵不讒你，到家給你父母道新喜！」細細一想，喝了臘八粥，心頭熱過，哎喲喂，春節又到了。

臘八粥，佛門稱做「佛粥」。按佛門說法，臘月初八，是佛祖釋迦牟尼成道之日。釋迦牟尼姓喬達摩，名悉達多，是古印度北部迦佑羅衛國（即今之尼泊爾）淨飯王的兒子，相傳他二十九歲時，捨棄王族生活，出家修道。經六年苦修，於臘月初八在佛陀伽耶菩提樹下終成正果。在成正果之前，他身形消瘦，疲憊不堪，喝了一個牧羊女奉獻的一碗粥，如受甘露。當時，他說：「我為成熟一切眾生，故食此食。」喝過粥之後，「身體光銳，氣力充足，堪受菩提。」粥中有菩提，臘八粥傳遞著一種傷感的溫馨，一種對人的軟弱的理解和同情，一種與世無爭的善良退讓。

臘八粥俗稱「七寶五味粥」，這究竟是一些什麼內容呢？宋朝孟元老《東京夢華錄》只一筆帶過，沒有說清楚。經書幫了忙。「七寶」是佛教名詞，在佛經中說法不一。《法華經》以金、銀、琉璃、硨磲（硨磲殼）、碼（瑪瑙）、真珠、玫瑰為七寶。《無量壽經》以金、銀、琉璃、玻璃、珊瑚、碼、硨磲為七寶。《阿彌陀經》、《大智度論》以赤金、銀、琉璃、玻璃、硨磲、珠、碼為七寶。《般若經》以金、銀、琉璃、硨磲、瑪瑙、虎（琥）珀、珊瑚為七寶。五味：酸、苦、辛、鹹、甘。顯然，金銀琉璃等是不能煮粥的，它們卻用上了，為什麼？經書沉默不語。像是問禪。

倒是周密「佛祖心中留」，凡心向人間，他的《武林舊事》中記載得很明白：「八日，則寺院人家用胡桃、松子、乳蕈、柿、栗之類作粥，謂之『臘八粥』。」不過，這些東西混在一起也是很難煮成粥的，主要的用料——米卻沒有寫進去。周密是有意疏漏，還是暗藏玄機？

不說明白也好，說明還有期待。學問就是這麼做下去的。

這不，明人劉若愚《明宮史》中的臘八粥就詳盡了。「初八日，吃臘八粥。先期數日，將紅棗捶破泡湯。至初八日，加糯米、白果、核桃仁、栗子、菱米煮粥。供佛聖前，戶牖、園樹、井灶之上，各分佈之。舉家皆吃，或互相饋贈，誇精美也。」可惜，劉若愚眼睛向上看，所記的是宮廷情況，不單「供佛聖前」，連「戶牖、園樹、井灶之上，各分佈之」。

歷史車輪滾到清代，此習俗仍很重視。道光皇帝愛新覺羅·旻寧曾有〈臘八粥〉詩：「一陽初復中大呂，穀粟為粥和豆煮。應節獻佛矢心虔，默祝金光濟眾普。盈几馨香細細浮，堆盤果蔬紛紛聚。共賞佳品達妙門，妙門色相傳蓮炬。童稚飽腹慶升平，還向街頭擊臘鼓。」臘八粥裡有律詩；如果每月的初八都吃臘八粥，那就是順口溜。

富察敦崇的《燕京歲時記》說：「臘八粥者，用黃米、白米、江米、小米、菱角米、栗子、紅江豆、去皮棗泥等，合水煮熟，外用染紅桃仁、杏仁、瓜子、花生、榛穰、松子，及白糖、紅糖、瑣瑣葡萄，以作點染。切不可用蓮子、扁豆、薏米、桂圓，用則傷味。每至臘七日，則剝果滌器，終夜經營，至天明時則粥熟矣。除祀先供佛外，分饋親友，不得過午。並用紅棗、桃仁等製成獅子、小兒等類，以見巧思。」這篇絕妙的說明文，記述了生料、熟料各八種。雖有微調，但總的仍是周密《武林舊事》說的範圍。所以，從歷史看，吃臘八粥，歷經宋、元、明、清迄今未變。傳統需要慣性。這慣性一旦消失，傳統不復存在。

對臘八粥源於佛教之說，也有人持不同看法：「入臘賜食，實朝廷典禮之常……與彼釋氏何干。」（清光緒時《東光縣誌》）。這種觀點也並非虛委。《紅樓夢》第十九回中，賈寶玉向林黛玉講臘八粥，說是林子洞中的耗子精要熬臘八粥，山下廟裡果米最多，「米豆最多，果品卻只有五樣，一是紅棗，二是栗子，三是落花生，四是菱角，五是香芋。」說耗子精要偷廟裡的果米熬臘八粥，實在有些對佛祖不恭。另一說法是明太祖朱元璋首先行起來的。他小時因貧困吃過各種雜糧和在一起的雜燴粥。自做皇帝後山珍海味吃膩了，突然想起早年吃過的雜燴粥，於是命太監也用雜七雜八的糧食果品燒了一鍋粥吃。那天剛巧是十二月初八，所以稱為「臘八粥」。後來傳到民間，百姓也都在這天燒粥吃，紛紛仿效，一直流傳至今。

典籍記載，「臘」是遠古的一種祭禮。先民在冬閒時，以農獵收穫物獻祭所有與發明、管理、保護和發展農獵有關的神靈，感恩乞福，並舉行慶賀活動。古代「臘」字與「獵」字相通，故臘祭即獵祭。臘祭，夏代稱「嘉平」，商代叫「清祀」，周代名「大臘」，秦代又曰「嘉平」，到漢時則云「臘」。哪一天為臘日呢？漢朝「冬至後三戌為臘」（《說文解字》）；曹魏以辰日為臘；兩晉以丑日為臘（見《玉燭寶典》）。直到南朝時，才把農曆十二月稱為臘月，初八日改為臘日，即「臘八」。《荊楚歲時記》載，南北朝時，民間於臘八日農民則敲著細腰鼓，化妝成各種神靈的形狀，進行舞蹈、跳躍，認為這樣即可驅除災難。民諺則云：「臘鼓鳴，春草生。」在這個節日裡，以一些農副產品和煮成粥，表達一種對一年收成的慶賀，並祭祀各方神靈，因而形成一種習俗，亦是順理成章之事。

臘八粥緣於佛教也罷，緣於民間習俗也罷，到了後來，生發的是一年農事結束，還有春節漸近的喜悅心情，一種迎接來年好收成的美好祝願。其次，從養生學的觀點來看，冬寒食粥，加之各種米、果的營養摻和，有大補之效。

臘八粥，這個昔日「農業社會的一種自傲的表現」，已被現代人對效率的慾望征服。對「速食」一代的小孩來說，超市裡的八寶粥罐頭，免去瑣碎細節的口福之享。細節消失，飲食真的是抽象主義嗎？

追溯我國人民喝臘八粥的歷史，已有一千餘年。千餘年來，此風盛行，闔家聚食，饋送相尚，花樣爭奇競巧，品種繁多。

我老家的臘八粥，主要原料為穀類，常用的有粳米、糯米和薏米。豆類、蓮米是配料，常用的有黃豆、赤小豆。花生和核桃是不可缺少的原料。再加窖中的紅苕，還有豆漿。這樣的臘八粥香，甜，潤。如果那年收成好點，母親就會在臘八粥裡加上少許的臘肉丁，臘八粥就更香。為什麼要在粥中加紅苕，我後來才明白。臘八粥要甜，但那時農村吃糖一年只供應一次，而且是在過年，一人二兩。沒有糖，只好用紅苕代替。苕，在許多方言裡有傻、憨之意。但把苕襯托上一定的背景，卻莫名的有種質樸的味道。

「臘八」這天，母親總是起得很早，當我們還在香甜的酣夢中，就隱隱聽到了那「呼嗟，呼嗟」拉風箱的聲音。「呼嗟，呼嗟……」聽來是那麼悠揚，那麼綿長，那麼溫馨。

母親熬臘八粥時下料的先後很有講究，不是所有的原料一齊入鍋。赤豆、蓮子不易煮爛，應先熬。現洗現下，不能在水中浸泡太久。宜開水下。滾開後用小火，大火熬不爛。待赤豆開花，下米和薏仁，過早則易糊鍋底。以粳稻米和糯米兩摻為好。粘稠味厚，清淡則味寡。熬到九成下果料，最後放糖。土坯屋裝不下濃濃的香味。母親便開始喊我們起床。洗漱完畢，懷著喜悅的心情端坐在桌前等待著母親把那香味撲鼻、色澤鮮豔的「臘八粥」盛到碗裡，激動的心情便再也按捺不住，會敞開腮幫子大嚼大吃。粥燙得厲害，「吸吸溜溜」的聲音響成一片。母親總是端坐在一邊，用那充滿了愛的目光凝視著我們。屋外寒風呼嘯，屋裡溫暖如春，母親眼裡有太陽。

北京的臘八粥比我母親的講究多了。數目品種可達百十種。這哪是粥啊，簡直是一部百科全書。做一次粥，都能製造出滿漢全席般的排場。臘八粥對於北京人，已不是一般的食物，而是近於某種神聖的儀式了。他們不厭其煩地為每年的臘八粥挑選著盡可能豐富的原料，把粥這種簡單的食品包裝得如此複雜，甚至成為敬祭神仙、祖宗乃至饋贈親朋的禮物。他們對粥的熱愛，登峰造極。

天津人煮臘八粥，同北京近似，蓮子、百合、珍珠米、意仁米、大麥仁、粘秫米、粘黃米、芸豆、綠豆、桂圓肉、龍眼肉、白果、紅棗及糖水桂花等，色、香、味俱佳。近年還有加入黑米的。這種臘八粥可供食療，有健脾、開胃、補氣、安神、清心、養血等功效。醫食同源，就好像連理枝並生在一棵大樹上，根須相同，枝條攀附。

晉東南地區，臘月初五即用小豆、紅豆、豇豆、紅薯、花生、江米、柿餅，合水煮粥，又叫甜飯。甜飯，是俗到極致的稱謂。但，俗到極致，是雅。

陝南人臘八要吃雜合粥，分「五味」和「八味」兩種。前者用大米、糯米、花生、白果、豆子煮成。後者用上述五種原料外加大肉丁、豆腐、蘿蔔，另外還要加調味品。看來，「五味」為素，「八味」為葷。飲食不能一元化。多樣化，才能骨正筋柔，血氣通暢，腠理以密。

現如今，許多城市尤其是南方城市，喝正宗的臘八粥已經不多見了。我問過我的孩子，她告訴我「臘八粥」的大名是久仰的，但一提起此名，最先想到的卻是金庸《俠客行》中俠客島的那場英雄會，然後有點盪氣迴腸的味道。我無語。臘八粥，這個昔日「農業社會的一種自傲的表現」，已被現代人對效率的慾望征服。對「速食」一代的小孩來說，超市裡的八寶粥罐頭，免去瑣碎細節的口福之享。細節消失，飲食真的是抽象主義嗎？

據說，這八寶粥原本從臘八粥演變而來，這個說法從它的製作原料可見端倪：如糯米、薏米、紅棗、紅豆、核桃、白蓮、花生、桂圓等等，似乎和臘八粥並沒有根本的差別。

這種南方的臘八粥通常是真空罐裝的，隨隨便便就可以在超市貨架上取回家享用。但我並不喜歡喝八寶粥，多年前喝過了，我記不得它本真的滋味，只記得現代化的流水線，還有易開罐合金鋼的鐵腥。

北方的臘八粥是用麥仁為主要原料，加上小米、飯豆、棗、栗、白糖、花生仁兒熬製而成，特別管飽，有時候也被人們看成是一頓飯。北方的小麥是南方的稻穀，少了麥仁的臘八粥就不是北方的臘八粥。

朋友是北方人，興沖沖地回家，知道保姆給他全家準備了期待已久的臘八粥。但是，當那盆熱氣騰騰的粥端上來的時候，他又徹底的失望了。那所謂的臘八粥，也只是從超市買回已搭配好的原材料熬煮而成，雖然有八種精得不能再精的原料當家，但口感卻可悲的疑似八寶粥了。北方的臘八粥應該像小麥。很平淡，但很有味道。保姆訕訕而笑：傳統那種臘八粥，我也不曉得怎麼做呢。

北方的臘八粥，被歲月沖刷的只剩這些麼？如今是什麼都講究優化改良，這樣下去，我們原汁原味的民族傳統，究竟還有沒有一點點可以像DNA血統延續形式那樣傳承下來的東西？

我們知道，自己的心情總是會和某些人和事有著密切的關聯。我們都在以刻舟求劍一樣的方式，尋找曾經快樂的影子，彷彿與這個每天都在發生變化的都市格格不入。

匆匆別過的日子，日月星雲、雷電風雨、花鳥蟲魚，一切都是有情有義的樣子。然而在現實當中，一些未來的事情似乎早已明晰的定位，我們失去了隨意希望的權利，這是一件很痛苦的事情。這世間若是沒有陽光，我們可以甘於黑暗中的燭火，甚至沒有了燭火，我們還可以在黑暗裡醞釀希望。但是如果沒有了希望，你，我，我們之間還會有什麼？

我們的生活著實有太多程序化的念想，每一天都是如潮的暗湧，既然來不及實現，就索性揣進懷裡，藏著掖著，獨自歡喜獨自愁，給外人一個無欲則剛的模樣。然後，瞇縫著眼睛打量這陌生的世界，書桌上的打火機，從壁櫥爬過的蟑螂，門口送水的工人，一切都那樣的陌生。

我們靈魂深處也藏著心情臘八粥，酸甜苦辣喜怒哀樂這八味，或許也都可以熬煮成粥。出門前就喝一大碗，活血暖身，一整天都精神。

記得佛曾經這麼說過：人生路上有百葉草，開千朵花，結一枚果。若有人能遇到此草，守其花開，待其花落，摘其果實，又能將其棄之者，便可入我佛門，修成正果。

我有位朋友信佛很多年，卻又對佛學要義一知半解。骨子裡與生俱來的佛性與慧根，常常讓朋友在距離自己很近時，看到一些虔誠向佛的本性。

如今，朋友依然身在俗家，還有很多未了的塵緣，算是應了《禪說》：參禪何須有山水，滅卻心頭火也涼。信仰自由，朋友潛心向佛誰都不反對，但問題是，到目前為止，朋友還沒有發現自己有何超凡入聖的跡象，還是滾滾紅塵裡的凡夫俗子，朋友如何可以做到不再「才下眉頭，卻上心頭？」於是，朋友感到困頓和灰心，細思量，臘八成佛的美事應該是輪不到的。

其實，很多時候，我們只是輸給了耐心，輸給了信念。只是因為願望被現實擱淺，於是信念變成了猜測，守候變成了徘徊。

我的孩子是初三學生時，功課十分繁忙。在臘八那天，她媽送了一碗臘八粥到學校。她媽媽心意很直白，想孩子在當年佛祖菩提樹下得道的日子，喝臘八粥，成佛不可能，那就少點傻氣、俗氣，多點靈氣。孩子嘴貼在碗邊，一陣「朵朵」的吮吸聲，便和著歡聲笑語將臘八粥的濃香吞下肚去。

在作家馮驥才看來，從臘八開始到正月十五一共三十八天，人們的理想願望、精神情感、審美習慣，被強烈發揮、放大到「年」上，使之成為中華民族民間的文化盛典。而中國百姓最偉大的創造正是「對年的情結」、對生活的崇拜。也正因如此，國人吃臘八粥的境界自然非同尋常。

尋常年糕

北方人說年糕來歷，像嘮嗑風俗。他們眼中年糕的品性，是家常的。最平常不過的原料，加足了心情和功夫，就是年糕。南方人則引經據典，有鼻子有眼睛，信也得信，不信，他們就嚴肅得像舉手表決的人大代表。

年糕又稱「年年糕」，與「年年高」諧音。前人有詩讚歎年糕：「年糕寓意稍云深，白色如銀黃色金。年歲盼高時時利，虔誠默祝望財臨。」

年糕作為一種食品，在我國具有悠久的歷史。明崇禎年間刊刻的《帝京景物略》中，記載當時的北京人於「正月元旦，啖黍糕，曰年年糕」。那時，北方無糯米，但有糯米那樣粘性的穀物，古來首推粘黍（俗稱小黃米）。這種黍脫殼磨粉，加水蒸熟後，又黃，又粘，而且還甜。

北方人說，年年糕的前世，就是北方「粘粘糕」。

南方人不服氣，堅信年糕是春秋時代吳國大將伍子胥所創。

吳王闔閭從當時軍事需要出發，命名將伍子胥築城，稱之為「闔閭大城」。城垣建成，吳王很高興，召集眾將歡宴慶功，獨有伍子胥悶悶不樂。伍子胥回營後，悄悄囑咐隨從說：「我死後，如國家遭難，民饑無食，可往相門城下掘地三尺得食。」後來伍子胥遭誣陷，自刎身亡，吳國亡於越國。居民斷食，餓殍遍野。這時，隨從眾人想起了伍子胥生前的囑咐，便帶領眾民前往相門拆城掘地。這才發現原來相門的城磚不是泥土做的，而是用糯米磨成粉後做成的「磚」。於是，百姓把這些「糯米城磚」用來作為食物，解決了一時的困難。南方人民為了銘記伍子胥的功績，就在春節這一天，家家吃年糕。

北方人說年糕來歷，像嘮嗑風俗。他們眼中年糕的品性，是家常的。最平常不過的原料，加足了心情和功夫，就是年糕。南方人則引經據典，有鼻子有眼睛，信也得信，不信，他們就嚴肅得像舉手表決的人大代表。

其實，年糕的製作可追溯更早。

一九七四年，考古工作者在浙江餘姚河姆渡母系氏族社會遺址中發現了稻種，這說明早在七千年前我們的祖先就已經開始種植稻穀。關於年糕，早在周朝就有記載。《國禮・禮記》說：「差邊之食，糗餌粉餈。」「粉餈」，就是米粉蒸成的糕食，我想，它應該是年糕的爺爺的爺爺。漢朝人對米糕就有「稻餅」、「餌」、「糍」等多種稱呼。古人對米糕的製作也有一個從米粒糕到粉糕的發展過程。西元六世紀的食譜《食次》就載有年糕「白繭糖」的製作方法，「熟炊秫稻米飯，及熱於杵臼淨者，舂之為米咨糍，須令極熟，勿令有米粒……」即將糯米蒸熟以後，趁熱舂成米團，然後切成桃核大小，晾乾油炸，滾上糖即可食用。這應該是好吃的，今天的人沒有這個口福。可以想像。想像它是金黃色的，尤如壓在箱底下的一件金黃色旗袍，一件金黃色旗袍的金黃色的一角。

將米磨粉製糕也很有年頭，這一點可從北魏賈思勰的《齊民要術》中得到證明。其製作方法是，將糯米粉用絹羅篩過後，加水、蜜和成硬一點的麵團，把棗和栗子等貼在粉團上，用箬葉裹起蒸熟即成。這糕食口感一定很好。舌尖上儘是箬葉的清香。

年糕的種類很多，具有代表性的有北方的白糕、塞北農家的黃米糕、江南水鄉的水磨年糕、台灣的紅龜糕等。年糕製作，南北有別：北方年糕或蒸或炸；南方年糕除蒸、炸外，尚有片炒和湯煮諸法。年糕的口味因地而異：南方年糕是甜鹹兼具，如杭州及寧波的年糕，以上等的粳米製作，味道清淡；北方的年糕以甜為主，北京人喜食江米或黃米製成的紅棗年糕、百果年糕和白年糕，河北人則喜歡在年糕中加入大棗、小紅豆及綠豆，東北年糕讓粘高粱米與一些豆類配伍。年糕不僅是一種節日美食，而且還含有飲食文化的色彩，在新年裡為人們帶來新的希望和嚮往。正如清末的一首詩中所云：「人心多好高，諧聲製食品，義取年勝年，藉以祈歲諗。」

年糕還是滿族跳神用的祭品。滿族名字叫飛石黑阿峰。清代沈兆提有詩一首：「糕名飛石黑阿峰，味膩如脂色若琮。香潔定知神受餉，珍同金菊與芙蓉。」自注說：「滿洲跳神祭品有飛石黑阿峰者，粘穀米糕也。色黃如玉，味膩如脂，糝假油粉，蘸以蜂蜜頗香渚，跳畢，以此偏饋鄰里親族。又金菊、芙蓉，皆糕名。」可見年糕至少在清代就是滿族的小吃品種。

江浙滬一帶農村，每年歲末，有打年糕的風俗。據《周官》記載：「餌謂之糕，或謂之（上次下食），糕，搗黍為之。」

我在浙江桐鄉就看過打年糕的場景。農曆臘月二十日以後，村中由一領頭人發起，商定日期，晝夜為之。此前，各家各戶按自己需求，淘米推磨，備好米粉。領頭人備好石臼、石碓，砌好鍋灶。各戶自帶柴火、米粉到現場，女人燒火，由技術高超的男人上蒸。

上蒸是技術活兒，需將米粉不斷均匀地撒在蒸籠裡，靠氣蒸熟。不能熟過，也不能夾生。分寸要掌控到位。接著，把熟粉倒入石臼裡。粉團由兩人用石碓對打，不斷地翻動、灑水，以免被粘上。確信米粉搗透不散，就放到門板上，由兩人用「年糕扁擔」來來去去壓扁。扁切成「方頭糕」或「糕元寶」。在蠶匾裡攤涼的時候，孩子們會趁熱在年糕上點紅，以示紅紅火火。

我吃過「糕元寶」。咬一口，撲鼻的是沖出久被禁錮的本香。這香是奔放的，但有點抑鬱。像一個抑鬱的農民，喝了點「女兒紅」，微醉後的奔放。

拍了許多打年糕照片，陪伴我從出租房搬到平房，從平房搬到樓房，後被一位從事民俗研究的朋友借走，就再沒還給我。他說丟了。

糍粑味道很淡。摻入了情，就味淡香濃了。人間最寶貴的是情。有情就有妙處。有時覺得無情，無非是自己理解能力沒達到。

全國許多地方，糍粑是年糕的同義語。

糍粑的做法恐怕各地都差不多：選上好的糯米用清水浸泡一夜，第二天下鍋用甑子蒸，糯米不能像大米那樣用水煮，一煮，就失去了筋力，到甑子蓋開始滴汽水時起鍋，此時的糯米不軟不硬，筋力強，做糍粑正好。糯米飯倒進洗淨的碓窩中，用木杵使勁舂。糯米飯便慢慢地變得鬆軟，糍在了一起，粘在木杵上，一起一落中，在碓窩裡「啪啪」直響。「啪啪」聲很刺耳，又讓人饞涎欲滴。

舂好的糍粑扯成小團，擱在簸箕裡，壓成圓圓的餅。抓糍粑也有學問和竅門：抓大了，印板太滿，印出來的粑如歪瓜裂棗，不好看，也浪費了料，個數太少；抓少了，填不滿印板，做出來顯得小氣，人家會嘲笑。倘若新郎倌提這樣的年糕上老親爺家拜年，小心丈母娘翻白眼；女兒是娘小棉襖，更小心新媳婦，翹起蘭花指，當著娘的面，狠狠地點新郎鼻子。

抓粑的老師傅，能準確地把握這個「度」：只見他迅速地把燙手的糯米粑甩進胸前的大竹籮裡，一滾兩滾，便滾得溜圓；雙手沾滿米粉，左手握著粑團，右手掌心帶五指揉捏幾下，用力一擰，一個元宵大小的粑坨從掌心滾了出來。這個過程寫起來費勁，但師傅做起來一氣呵成，不露痕跡。

做印模的手忙腳亂，往門板上一磕，糍粑倒出，一個個玲瓏又大方，背面雪白如砥，正面花紋燦然，還襯著一絲紅綠，綠是松柏葉，象徵著四季常青；紅為鮮花瓣，昭示喜慶熱鬧。紅配綠，現在已經是成為「俗」的代名詞，可是誰又敢說在我們癡迷糍粑的時候，不是因為它的色彩呢?!

罎子裡放些生石灰，上面墊一層紙，再把風乾的糍粑放進去。江南陰濕，這樣可以防潮。風乾的糍粑外表很硬實，但不管擱多久，一經煎炒，掰開來，卻還是那麼鬆軟香糯，不失本色。

風乾的糍粑還是姑娘出嫁必備的嫁妝。常常看到長長的送親隊伍，挑著棉被、抬著衣櫃、端著臉盆、捧著新衣物……走在頭裡的，一定是兩塊大大的糍粑。那糍粑除了貼著大大的喜字，還由能工巧匠雕刻了好看的花邊，用範本印上了鴛鴦的圖案。由糍粑的大小和花樣，人們就能看出這家的排場——有的糍粑足有一張桌面大，普通的籮篼和簸箕裝不下，得專門另外編了籮篼和簸箕來裝！婚宴上，這兩塊糍粑會分切成小塊，用紅紙包了送給來賀喜的親友。得到鴛鴦圖案的，來年一定有喜事臨門。特別是得到鴛鴦頭的，簡直就像撿了金元寶——有一種說法，分別得到鴛頭和鴦頭的青年男女，以後會成為夫妻呢。

漢民族如此，苗族有過之無不及。苗族青年從戀愛到結婚都離不開糍粑。每年臘月，苗族少女就要準備好各種形狀的糍粑，三角形、園形、長條形、五色糍粑最多，色質以最白者為佳。正月初一至初三，外寨苗族未婚青年男子，背著花包來遊春。少女揭開害羞面紗，玉手輕舉，糍粑悠悠地投擲給正在跳蘆笙舞的意中人。男子有意則接收，無意可婉言謝絕。正月結束，男子邀約好友，以一斤糍粑一斤糖送至女方家，女子請好友作陪款待男子及其親朋。話語投機，雙方就可在以後的相月亮活動中繼續交往。結婚第一年，男子要用一斗二升的糯米打成的大糯粑，擀成簸箕狀，裝進麻布口袋中，挑至女方家。寓意幸福美滿，多子多福。

糍粑味道很淡。摻入了情，就味淡香濃了。人間最寶貴的是情。有情就有妙處。有時覺得無情，無非是自己理解能力沒達到。

陝西商州人的糍粑不是用江米（糯米）而是用洋芋做成的，是鎮巴、柞水一帶人們夏秋季節的主食之一，本地人叫「調和飯」或「硬糍粑」。據說，可以與關中的米面相媲美。山裡人習慣了他們的洋芋糊湯飯，而一旦來了客人便以「硬糍粑」來招待。每年六七月，山裡人從青青的玉米行之間挖出一筐筐新鮮的洋芋，刮皮洗淨放於鍋內蒸熟後舀出，再後用他們特製的一種器具來砸，所以叫做「砸糍粑」。一般在村子附近的河邊找尋一塊巨石，將蒸出的洋芋倒於石頭上，用錘子砸，邊砸邊給呈糊狀且粘成團的糍粑撩點水，以便它筋道起來，等洋芋漸漸變成晶亮且又有一定粘度的麵團時，再放入盆中拿回家用刀切成條狀，並配以作料比如紅紅的辣椒，青青的小蔥、大蒜等，或者再拌青菜。這樣，吃起來既有洋芋的噴香，又有青菜小蔥的清香。山野出美食。一吃，就覺得「硬糍粑」大有來頭：民以食為天，哪知道天外還有天。

與越南接壤的廣西龍州，最有韻味是黑糍粑。它的材料是純天然的糯米、白頭翁草、綠豆、土紅糖。

白頭翁草，葉子上有一層白白的茸毛，有些還帶有嫩黃嫩黃的小花，而且一長就一大片。春天採摘備用。做黑糍粑的時候，浸糯米，磨成漿，裝到袋子裡隔水做成糯米粉。

白頭翁草煮過水，放在石臼裡擂成糊糊，和糯米粉揉在一起。糯米粉因為摻白頭翁草而變成墨綠色，再包上綠豆餡，放到鍋裡大火猛蒸。新鮮的美味的黑糍粑出鍋了！別看它黑呼呼的樣子不夠養眼，卻是天然的綠色（黑色）食品，咬在嘴裡是綿、韌，有嚼頭不說，那一絲絲的纖維到了嘴裡就慢慢地化開，勾帶出一種特別的清香——是草？不，是春天的味道。綠豆餡是清甜的，那綿軟帶沙的口感和糍粑皮的韌勁有明顯的區別，只等舌頭來將它們調勻，便得到滿腔香甜，回味無窮。

土家族地區有句俗語，叫：「二十八，打粑粑。」糍粑是土家人必備的食品。快過年的時候，土家人都要打糍粑。其做法是大致與漢族的相同。陰乾後，糍粑泡在罈子裡，十天半月換一次水。這樣，可以放到端午節。在土家人的生活中，糍粑有著不同尋常的意義。春天是農忙時節，土家人明白「你誤它一時，它誤你一季」，糍粑派上了用場，火烤或者是油炸，當飯充饑，抓緊時間耕田犁地，春種一粒籽，秋收萬顆穀。招待客人，土家人也喜歡在糍粑上做文章。圍著火塘陪客人拉家常，待水燒開，主人便把糍粑切成小塊，同甜酒一起煮著吃。給客人盛上滿滿一碗，並客氣地說：「喝碗開水打口渴。」

糍粑已定格為一種不可或缺的生活元素。也正是有了如糍粑之類的文化元素的催發，土家文化才顯得豐富而璀璨。

我的家鄉在鄂東，年糕就是個兒粑，有的地方叫圓寶。打年糕完全演變成蒸圓寶。農曆十二月初至小年，是蒸圓寶的最佳時期。母親總是先把責任田裡收回的糯穀取出來，擔到米廠裡軋；白生生的糯米碾成米粉，攤放在大竹曬筐中。這樣，完全省去了「打」的辛苦。

母親不急於做元寶，是在選擇日子。這個日子必須是滿天朗月，星星眨眼。母親說，元寶代表農家的聖潔之物，不用潔美的行為對待它，是蒸不熟的。

這一天終於等到。母親下午洗了澡，這叫「潔身」。然後，向灶神爺敬了三炷香，響一小掛鞭。爾後，方起火燒水，做麵糊兒。麵糊兒澆進米粉中，母親就擼起袖子使勁地揉，揉成繞指泥，再一團一團地掐下。父親拿著圓圓的木模子按下去，一個個白白胖胖、大小均一的元寶就做出來了。母親滿臉溫馨和甜美，她將元寶放進四方木籠中，親自生火。伴著乾柴劈劈啪啪的響聲，蒸籠頂上慢慢地升騰一團團熱氣，一股清新的氣味撲鼻而來。半個小時左右，母親的臉被爐火烤得紅通通的且佈滿細微汗粒。她小心翼翼地揭開籠蓋，白得亮眼。

蒸好的元寶，軟滑如水，不粘牙、不滯齒，切片而食，幽香繞去，那股適口的甜味，晃蕩晃蕩地飄進了胃囊裡，通體舒暢。

別人做元寶，做不出同樣的水平，登門討教，母親在傾囊相授之餘，總會加上這幾句話：「磨粉的時候，心一定要誠。你不誠心，便做不成它。」這句在別人不經意的話，卻成了我的處世哲學。

香噴噴的元寶，躺在籠屜裡。母親用手蘸著冷水，將它們倒進灑上水的竹筐，晾起來。過兩天，裝進水罎中，以備來年之用。

來年第一次鄭重其事地吃元寶，是大年初一的早餐。母親早起，將完整的元寶與青菜合著蒸一鐵鍋，不論大人小孩，一人一碗。對於這個習俗，我沒有找到可供參考的文字資料，但聽母親講，元寶與古幣通錢相似，開年吃它，意即「招財進寶」。我想，這不無道理。本來，元寶經濟價值一般，但在代代人中有如此神聖的威望，其緣蓋出於它象徵著農家五穀豐登，人丁興旺。

世上許多事情，只要親身經歷了，才知道其實並不那麼邪乎，就如尋常年糕。

第二輯　日常菜蔬

豆腐情結

我嗜食豆腐，雖不能像《浪跡續談》作者梁章鉅所言「余每治饌，必精製豆腐一品」，絕非附庸雅人清興，實在是一如我嗜食的稀飯，大概是自幼為家鄉一般居民的生活習慣所養成。

恐怕沒有中國人不喜歡豆腐的。豆腐總是白如玉珀，細若凝脂，表裡如一；烹調廣泛，宜葷宜素，可主食可小吃可作餡料，清淡之中藏有鮮味，久食不膩。豆腐，是我國食品史上的四大發明之一。元代鄭允端曾寫詩讚美道：「種豆南山下，霜風老莢鮮。磨礱流玉乳，蒸煮結清泉。色比土酥淨，香逾石髓堅。味之有餘美，五食勿與傳。」

會吃的文人曾把豆腐稱為「菽乳」、「黎祁」、「來其」，多麼雅致的名字。至五代始稱「豆腐」，因豆漿潔白晶瑩被喻作「瓊漿」、「玉液」、「玉乳」，因其鮮美被贊為「羊酪」、「小宰羊」。最早記載見於五代陶谷所撰《清異錄》小宰羊條。我這樣敘述，無非是追問到底誰是豆腐的祖師爺。這應該是一個學術問題。我也要說。理由是，我嗜食豆腐，雖不能像《浪跡續談》作者梁章鉅所言「余每治饌，必精製豆腐一品」，但絕非附庸雅人清興，實在是一如我嗜食的稀飯，大概是自幼為家鄉一般居民的生活習慣所養成。

《本草綱目》記載：「豆腐之法，始於漢淮南王劉安。」這句話一下子讓人遙想到二千一百多年前，漢高祖劉邦的孫子、淮南王劉安建都壽春，為王四十二年。劉安好道，為求長生不老之藥，招方術之士數千人，有名者蘇非、李尚等八人，號稱「八公」。「八公」常聚在楚山即今天的八公山談仙論道，著書立說。為了迎合主子，他們吹噓能「化金煉丹」，製造長生不老之藥。劉信以為真，便令方士們到八公山上去煉金製藥。孰料這夥騙子將劉安給的金錠放入丹爐後，卻又悄悄撈起來，打算攜金而逃。這事被劉安發覺後，立即派兵丁包圍了整座山頭，方士們的發財夢破滅了，只得困守丹爐。後來一位方士心想，等死不如再折騰一番。於是將金黃色的黃豆倒進煉丹爐，瞎搗胡攪之後，再加鹽鹵，沒想到丹爐裡竟出現了一鍋白花花的豆腐。劉安求長生丹沒有結果，卻偶然得到了上佳食品豆腐，可謂是「有心栽花花不發，無心插柳柳成蔭」。一九六三年，中國佛教協會代表團到日本奈良參加鑑真和尚逝世一千二百周年紀念活動。當時，日本許多從事豆製品業的頭面人物也參加了。據說，他們之所以參加紀念活動，是為了感謝鑑真東渡時把豆腐的製法帶到日本。引人注目的是，這些參加者手裡都提著裝滿各種豆製品的布袋，布袋上還寫著「唐傳豆腐乾，淮南堂製」字樣。當今的淮南人很精明，選擇每年的九月十五日淮南王劉安的誕辰日，從一九九二年起舉辦了「中國豆腐文化節」，屆屆成功，很具轟動效應。

近些年來，不少城市以所謂的重鑄和鍍亮新的城市自我，從故紙堆裡翻出東西來，抓住一點不及其餘，然後把自己的城市之根延展到那裡去。如果通過詳實地論證的確如此，無可厚非，問題是，太多的是為了政治作秀，為招商引資大打文化牌。這是宿命的無奈，還是新生的契機？發人深省。

即便如此，我對劉安創造豆腐之說，一直心存疑慮。

《本草綱目》是古代最完備的藥物學巨著，是毫無疑義的；書中介紹了許多食品的製法，卻只能作為烹調原料綱目來使用。這話不是我杜撰的，是專家界定的。我想，李時珍寫豆腐之法開玩笑了。也許李時珍有一回吃了豆腐，或者應用豆腐治療某種疾病，隨口一問，某人隨口一說，就記得下來了。當然，這並不防礙《本草》的價值，它的價值在藥物學，在植物分類學。

我傾向豆腐為勞動人民所創。這一說法，使對劉安創豆腐的質疑更有底氣，大概就是吃豆腐吃出來的。

古時人們只會把黃豆磨成豆漿來喝，不會做豆腐。有一戶三口之家，小倆口非常恩愛，他們對母親也很孝敬，可婆婆尖酸刻薄，連一碗豆漿也不給兒媳吃，媳婦只好默默忍受。一天婆婆出外到親戚家去了。媳婦想趁機喝點豆漿，便動手磨黃豆煮漿。豆漿煮沸後，她正要拿碗舀時，忽聞院內大門有響動聲，她以為是婆婆回來了，恐又要挨罵。情急中便端起鍋來，把豆漿倒入灶頭上的罎子裡，並將蓋子蓋好。隨後，媳婦走出灶房一看，原來是心愛的丈夫回來了，這才如釋重負。於是喜滋滋地拉著丈夫去喝豆漿。誰知揭開罎蓋一看，豆漿卻變成了雪白的固體。原來這罎子曾泡過酸菜，裡面還剩有些酸湯，豆漿倒入後便凝固了。丈夫見狀說：「娘子，你別逗我了，這怎麼能是豆漿呢？」媳婦答道：「誰逗你，不信我嚐給你看。」說著真的嚐了一口，頓覺質嫩味美，於是也請丈夫去吃。吃完後，小夫妻商議給它取個名字，媳婦嬌嗔道：「你說逗你就逗你唄，就叫它『逗夫』好了。」後來，人們用了一段時間這個名稱後，覺得「逗夫」這種食品，反正是豆子做的，嫩而易腐，且又諧音，乾脆就改稱「豆腐」了。

這不像傳說，倒像一篇絕妙的小品文。小品文的意義在於豆腐來自民間，豆腐是尋常百姓家的豆腐，不是飛回王榭堂前的「燕子」。

事實上，據有關專家考證，豆腐的始製，大致可推定為九至十世紀，即唐末五代年間。由此看來，劉安創造豆腐，從時間上推算是不能成立的，其故事本身也荒謬不可信；倒是第二個傳說，為勞動人民日常生活中所創，較合乎實際，也更真實可信。

文人與豆腐結緣，昇華了豆腐文化。豆腐文化是平民文化。

豆腐自古為文人所重。

清代乾隆年間進士袁枚，才華出眾，詩文冠江南，與紀曉嵐有「南袁北紀」之稱。他好吃，也懂得吃，是一位烹飪專家，著有《隨園食單》一書，詳細記述了自我國十八世紀中葉上溯到十四世紀的三百二十六種菜肴飯點，大至山珍海味，小至一粥一飯，無所不包。真是味兼南北，美饌俱陳，為我國的飲食史保存了不少寶貴的史料。袁枚提倡吃豆腐，他說豆腐可以有各種吃法，什麼美味都可以入到豆腐裡。有一天，杭州有一個名士，請他吃豆腐，是用豆腐和芙蓉花烹煮在一起的。豆腐清白如雪，花色豔似雲霞，吃起來，清嫩鮮美，歎為觀止。袁枚急請教做法。主人秘不肯傳，笑道：「古人不為五斗米折腰，你肯為豆腐三折腰，我就告訴你。」袁即席折躬，躬畢大笑，說：「我今為豆腐折腰矣！」主人告訴他這個菜叫「雪霞美」，以豆腐似雪，芙蓉如霞而得名，並告訴他如何烹調。袁枚歸家後如法炮製。毛俟園吟詩記此事：「珍味群推郇令庖，黎祁尤似易牙調，誰知解組陶元亮，為此曾經一折腰。」袁枚為豆腐折腰，說到底是因為尊重而被接受。尊重別人的人，同樣會受到別人的尊重。正像站在鏡子面前，你怒他也怒，你笑他也笑，一切取決於你的態度。只有尊重，才能互相認可。

可惜的是，《食單》中的豆腐，都是富貴人家的豆腐，如程立萬豆腐，蔣侗郎豆腐，楊中丞豆腐，王太守八寶豆腐等。別怪豆腐不好，只怪袁枚愛在官宦人家蹭飯。

中國共產黨早期的主要領導人，偉大的馬克思主義者，卓越的無產階級革命家、理論家和宣傳家，中國革命文學事業的重要奠基人——瞿秋白就義之前，在一九三五年五月二十二日的絕筆《多餘的話》最後一句裡提到：「中國的豆腐也是很好吃的東西，世界第一。永別了！」我第一次讀到的時候不知道他為什麼這樣說，當然現在也不知道，但是我相信一點：人其將死，其言也善。但是，在十年大禍中，《多餘的話》被指責為是叛徒的自白。這「中國的豆腐也是很好吃的東西」，也是罪狀之一。所以成為罪狀，大約是說臨死無大義精神，表現了小資產階級的情調。這種指責，今天聽來可笑，當時卻是無人能辯與敢辯。

就義之前，一定要說一番慷慨激昂的話，以此來判定是否革命者，本身就滑稽。法場殺人，遊街示眾，被執刑者不高呼一句「二十年後又是一條好漢」，不足以見英雄氣概。阿Q總不能說是英雄吧，他也會臨場喊出這句話。

人之將死，一閃念間，想及平生樂事，衝口而出，沒有什麼不對。瞿秋白，常州人，常州的豆腐燒法別具一格，瞿秋白發此一語，自可理解為念及家鄉，念及家鄉的豆腐。即使為革命者，也是人情之常。「中國的豆腐也是很好吃的東西」，並沒有出賣什麼機密，也沒有表現為革命意志不堅。說這麼一句話，何錯之有?!

從《多餘的話》中找到的另一條罪狀，是瞿秋白說他本欲致力文學，卻被推上政治舞台，是歷史的誤會。其實，他講的完全是事實，愛好文學，想致力文學，而且在文學上有大成就，這正是瞿秋白。革命者也是人，不能沒有他的個人愛好。研究革命者，而不研究人的性格，不足以瞭解具體的革命者。我們的歷史研究，正缺此點。

「五四」一代的大作家周作人先生就對豆腐情有獨鍾，他是喜歡談吃的，談的最多的，還是豆腐。知堂云：「中國人民愛吃的小菜，一半是白菜蘿蔔，一半是豆腐製品……」又說：「豆腐、油豆腐、豆腐乾、豆腐皮、豆腐渣，此外還有豆腐漿和豆麵包，做起菜來各具風味，並不單調，如用豆腐店的出品做成十碗菜，一定是比沙鍋居的全豬席要好得多的。」

而朱自清先生的筆下卻是「說起冬天，忽然想到豆腐。是一『小洋鍋』白煮豆腐，熱騰騰的。水滾著，像好些魚眼睛，一小塊一小塊豆腐養在裡面，嫩而滑，彷彿反穿的白狐大衣。鍋在洋爐子上，和爐子都薰得烏黑烏黑，越顯出豆腐的白。我們都喜歡這種白水豆腐；一上桌就眼巴巴望著那鍋，等著那熱氣，等著熱氣裡從父親筷子上掉下來的豆腐。」看來，知堂先生與佩弦先生都是深知豆腐好吃之三昧真經的。

文人與豆腐結緣，昇華了豆腐文化。豆腐文化是平民文化。而豐富多彩的豆腐故事、通俗樸實的豆腐歌謠、富有哲理的豆腐諺語、幽默風趣的豆腐歇後語等勞動人民的口頭作品是豆腐文化的源頭。以豆腐為題材的作品已擴展到詩詞、散文、小說、戲劇、曲藝舞蹈等眾多文學藝術和廣播影視領域。南宋愛國詩翁陸游的「濁酒聚鄰曲，偶來非宿期。拭盤推連展，洗釜煮黎祁」。托物言志、抒情達懷、寫意寄興，展現出一幅農家樂的景象。清代胡濟蒼的詩詞：「信知磨礪出精神，宵旰勤勞泄我真。最是清廉方正客，一生知己屬貧人。」不寫豆腐的軟嫩味美，而寫豆腐的藻雪精神，由磨礪而出，方正清廉，不流於世俗，讚美其風格高尚。《水滸傳》、《紅樓夢》、《西遊記》、《儒林外史》和魯迅小說〈故鄉〉，傳統戲劇《雙推磨》，現代古裝京劇《豆腐女》以及電影《白毛女》和《芙蓉鎮》等作品中，從不同側面、不同層次生動地描寫了豆腐的外延與內涵、品質與精神。中國地域廣闊、歷史悠久，豆腐文化的內容極其豐富，且具有獨特的地方特色。

豆腐以無味而達至有味，以無用而為有用，世間的一切也都是如此吧。

我孤陋寡聞，但也略知各省名豆腐，如北京的炒豆腐腦、上海的草魚豆腐、天津的香椿豆腐、廣東的釀豆腐、湖北的哈豆腐、四川的麻婆豆腐、江蘇的文思豆腐、浙江的八寶豆腐、福建的什錦豆腐等。中國豆腐就像群雄割據，各有山頭，分不出伯仲，不像梁山泊一百零八單將好排名次。

豆腐雖然平常，但憑著中國人的智慧，造就了多姿多彩的烹飪製作方法，有著數不清的地方名特產品，可以烹製出不下萬種的菜肴、小吃食品。這是同豆腐及其製品具有廣泛的可烹性分不開的。譬如：它可以單獨成菜，也可以作主料、輔料，或充作調料；它可以作多種烹調工藝加工，切成塊、片或丁……或燉、或炸、……；它可做成多種菜式，多種造型，可為冷盤、熱菜、湯羹、火鍋，可成捲、夾、丸、包等等還可調製成各種味型，既有乾香的本味，更具獨一無二的吸味特性，「豆腐得味，遠勝燕窩」，只要喜歡，吃豆腐可吃有千種花樣，吃出萬般風情來。

我乃一平凡之人，卻喜歡父親的白菜燉豆腐。父親平常就喜歡做一些吃的東西來改善家裡的生活，所以我吃過的很多東西都是從父親那裡開始接觸的。第一次看父親買回來一小塊豆腐，我們都很新奇。父親把豆腐洗乾淨切成塊，和白菜、肉一起燉，也就是那個時候我們就迷上了豆腐，至今都非常喜歡吃豆腐，而且一定是最喜歡那種很清淡的豆腐，用白菜燉著吃。那個時候每年到了冬天，家裡總是常常能夠飄蕩出豆腐的香味兒，一家人常常圍坐在一個小泥爐旁邊，一邊吃著熱乎乎的燉豆腐，一邊聽父親說一些遙遠的奇聞軼事，有時候也講一些古代的故事，我們就陶醉在那些故事裡面，陶醉在豆腐淡淡的香味兒裡面。那些日子陶冶了我，最終我還沒有上學的時候就能夠講述一些很完整的演繹故事，上學之後就能寫出一些很漂亮的作文，深得老師的歡喜。那樣的情況在一個偏遠山村的孩子身上並不會經常發生，所以大家引以為奇。其實，正是我目不識丁的父親教會了我怎樣說故事，怎麼樣寫作文——不小心說漏了嘴，這是我賴以闖蕩「江湖」的一個小小「法門」。穿幫了，人人都會。

小腳女人做的「麻婆豆腐」，跨海周遊列國，在日本安家，在歐美落戶，成為世界各地家喻戶飲食明星。很多國外食客光顧川菜館，要品嚐的第一道菜就是麻婆豆腐。在日本，二百萬日圓一客的高級筵席，也有麻婆豆腐的一席地位。在歐美一份麻婆豆腐竟賣到二、三十美元。一個「麻婆」能有這麼大的吸引力，這麼高的身價，這定是老成都人所始料不及的。

麻婆豆腐雖然如今富貴了，但它本質沒變，豆腐整型不爛，麻、辣、燙、嫩、酥、香、鮮，以麻辣味尤為突出，牛肉末酥香鮮美。本質是菜肴的德，德高得威望。

虎皮毛豆腐是安徽馳名中外的素食佳餚。係以本省屯溪、休寧一帶特產的毛豆腐為主料，用油煎後，佐以蔥、薑、糖、鹽及肉清湯、醬油等燴燒而成。因其豆腐兩面色黃，呈現虎皮條紋，故名。上桌時以辣椒醬佐食，鮮醇爽口，芳香誘人，並且有開胃作用，為徽州地區特殊風味菜。

相傳，明太祖朱元璋幼年時，因家貧困，曾給財主家放牛幫工，每在白天放牛後，半夜就要起來與長工們一起幫磨豆腐，他年紀雖小，但做事很勤快，頗得長工們喜歡，因此，長工們儘量照顧不讓他幹重活。財主知道很不滿意，便將他辭退回家了。

朱元璋沒辦法，只得和附近一座廟跟前的小乞丐們混在一起。長工們可憐他，每天從財主家偷出一些飯菜和鮮豆腐，藏在廟的乾草堆裡，到時朱元璋就悄悄取走與夥伴們分食。不久，父母兄相繼亡故，朱元璋更孤無所依，便入寺當了和尚。

因朱元璋最喜食豆腐，初時，長工們仍照樣送來藏放草堆裡。一次寺裡一連幾天忙著做廟會，長工們見藏放的豆腐原封不動就沒有再送了，當廟會結束，朱元璋記起去取豆腐，發現豆腐上已長滿了一層白毛，他就拿回廟中，偷偷地弄來油煎食之，覺得味道更香鮮無比。以後，他就常用此法做豆腐吃。紅巾軍起義後，朱元璋脫掉袈裟，投奔義軍，幾年後他升任紅巾軍左副元帥，時為吳王。一三五七年，一次，他率領大軍到徽州地方駐營時，特命隨軍炊廚遵其囑做油煎毛豆腐，供大軍長期食用，並在當地被流傳下來。後來朱元璋做了皇帝，油煎毛豆腐便成了御膳房必備佳餚。現今起名為「虎皮毛豆腐」。

這個故事有點老，但老故事說出了新道理：在這個世界上，只要你真實地付出，就會發現許多門都是虛掩著的。

乾隆帝也很喜歡豆腐。南巡至杭州，微服私遊吳山被大雨所困，只得進山民王小二家求得熱湯熱飯。王小二見來人被淋得狼狽不堪，很同情，便將僅剩存的一個魚頭和一塊豆腐裝入砂鍋烹飪，接待客人。乾隆吃著這頓飯，覺得比宮中的美食佳餚都鮮美。回到京城，讓御膳房去做，卻怎麼也覺得不是那味。御膳房的手藝不會比王小二差，不同的是，環境變了，乾隆的心情也變了。飲食時的心情很重要。飲食到最後，飲的是一份心情，食的也是一份心情。

我們常吃的臭豆腐，是康熙年間安徽舉子王致和創製。「臭」是嗅覺的叛逆，卻進入了味覺領域，臭得大名，僅臭豆腐一物而已。臭豆腐有清蒸和油炸兩種，清蒸最好是在自家的老灶頭上。至於油炸，在江南的大街小巷口，只要留心一下，總不會讓你白費眼神。

大致的細節如下：一隻簡易的煤爐子上，置一鐵鑊子，鐵鑊子裡的菜油沸騰到洶湧澎湃，再用長竹筷子夾著臭鹵髫裡臭過的豆腐乾，逐一放入鑊子裡，滋滋的聲音傳到耳朵邊。不多時，夾出，瀝乾，黃澄澄、軟綿綿的臭豆腐乾就炸好了。一時間滿街飄臭，過往行人，咂嘴吐舌，好不熱鬧。臭豆腐的本事就是聞著臭吃著香，蘸上一點鮮紅老辣，舌尖上如坐春風，平民百姓一個個吃得有滋有味。臭這種味道，是很難被其他味道擠兌的，它太獨特了，它是食物的異香。這大概是代數中的負負得正，哲學上的否定之否定。一種民間的風味小吃，在製作的方法上反其道而行之，結出了新奇的佳果，考之中國文化，寧不令人耳目一新？不得不承認，我國文化在飲食方面的超級想像力，無人能比。

豆腐本身並沒有什麼特別的味道，它平淡如水，惟其平淡，才能加工製作出各式各樣、琳琅滿目的豆腐系列來。有一句很有哲學意味的話叫「平淡是真」。我想，吃的藝術也是如此。「真」是「真味」，也就是實在。在平淡實在中做出美味來，方為美食大家。清代詩人查慎行的一句：「須知澹泊生涯在，水乳交融味最長」，也暗合豆腐美食的最高境界。正所謂：一身清淡七分水，通體晶瑩四面光。富貴貧困皆厚愛，人人稱其菜中王。豆腐以無味而達至有味，以無用而為有用，世間的一切也都是如此吧。

一塊豆腐，煮一生，吃一生，何必為一時之不對味就想放棄整盤豆腐?!

豆腐歷來多魅力。

李師師是宋代名妓，據說剛生下時母親就死了，是慈父用豆漿一口一口地將她養大，為此後人詩贊：「醍醐何必羨瑤京，只此清風齒頰生，最是隔宵沉醉醒，磁甌一吸更怡情。」戲說水滸，若無豆腐神助，恐無李師師其人其事，宋徽宗的風流韻事何以附托，御香樓一場戲就要改寫。

「戀愛豆腐果」是貴陽有名的風味小吃。這種烤豆腐果得這樣一個雅號，是它與抗日戰爭時期的一個浪漫故事有關。

一九三九年，我國北部、東部、中部的大片國土已淪喪日本侵略軍鐵蹄之下，為進一步擴大侵略，日軍還對西南大後方進行空襲。當時，貴陽也是他們襲擊的重要目標。貴陽自被空襲後，警報頻繁，有時一天幾次。市郊東山、彭家橋一帶，是人們躲避空襲的藏身之地。彭家橋附近有一對年近半百的張華豐夫婦，在菜地裡搭了數間茅屋，作為製造「烤豆腐果」場地，在這裡做好的烤豆腐果拿到別處設攤和沿街叫賣。空襲開始後，這幾間茅屋成了避空襲的場所，人來人往，十分熱鬧。張華豐夫婦因為空襲也不上街做買賣，他們發現躲警報的人往往腹中饑餓，又無法回家就餐，就將這幾間作坊闢成店鋪，向躲警報的人出售烤豆腐果。由於烤豆腐果速度快，吃起來簡單，價格便宜，又能充饑，很快就打開了銷路。

一般人吃豆腐果，往往是解饞或充饑，吃完了便走。唯有一對熱戀中的青年男女，卻買一盤豆腐果，蘸著辣椒水，細嚼慢嚥，談天說地，一坐就是半天。他們似乎忘記了空中的威脅，把張家店鋪當成談情說愛的場所，顯得更加浪漫，一時成了街談巷議的佳話。久而久之，人們常說吃烤豆腐果為吃戀愛豆腐果，張氏夫婦乾脆就把烤豆腐果改名為「戀愛豆腐果」。戀愛令人嚮往。戀愛豆腐果能成人之美，年輕人趨之若鶩。

如今，戀愛豆腐果仍是當地名小吃，不再是吃「浪漫」，是吃美味。

吃過一想，愛情和豆腐還真很像。

戀愛開始，愛情就是一整塊無暇的鮮嫩豆腐，提不起，放不下，惟其小心呵護，才是最好的選擇。一旦一方偶爾忽視了這塊豆腐的潔白和完整，一不留神就會讓它產生裂縫。有了裂痕不要緊，如果兩人還想在一起，就得用心組裝一個容器，把愛情放進去。正如一碗豆腐腦，雖然有些糊塗，卻總是在一起的。如果把這塊豆腐放進油鍋，就好比愛情在經歷磨難。「患難之處見真情」，豆腐炸過就會變硬，愛情煎熬過也更加堅韌牢固。又若把豆腐放入冷藏室，它就像塊磚，你若不加熱就去靠近，那就真有可能「在一塊豆腐上撞死」。又或將其取出慢慢解凍，得到的是一塊凍豆腐。凍豆腐儘管是豆腐，可內部的孔洞再也無法復原了，多少總有點空空的感覺。

所有食品中，豆腐是最有人緣的。不僅味美價廉、老少咸宜，還因為方言中豆腐與「陡富」諧音。所以，我的家鄉人做生日、蓋新房、嫁女娶媳、過年過節一定有豆腐，為的是討吉利。而山裡人趕集，也忘不了帶上豆腐籃子，對他們來說，豆腐也是山珍海味。婦人乳汁不下，漢子黃疸虛勞，分別配鯉魚、泥鰍燉服，對缺醫少藥的農村來說，是挺方便的豆腐藥膳。印象中，家鄉的豆腐坊沒有「豆腐西施」，倒是鄰居大叔的模樣烙進我的腦海裡。寒冬臘月，我就捏著角票排隊，瓷缸鋁鍋代替了人的位置，個挨個不慌不忙挪動，而自己雙手縮進袖籠裡，就著爐膛烤火；有時大叔高興地把留給自己的豆漿給我喝，覺得自己是全世界最幸福的人了。

再往深處思考，覺得人生和豆腐十分相似。

初生如一塊豆腐。家庭環境的好壞，不過區別於這塊豆腐用什麼樣的盤子去裝而已。盤子的裝飾和貴賤，可能改變豆腐的境遇或是襯托豆腐的美醜；內質天成，外包裝不會改變豆腐本身的品質。

這塊豆腐怎麼吃，完全在於擁有這塊豆腐的我們。喜歡清清淡淡，可以什麼佐料也不用加。儘管無法嘗試到經過各種不同方式烹調後豐富的味道，但無欲無求、與世無爭，恰恰能品味到原汁原味的人生。如果我們想要這樣，那一定先具備不為俘華、利益、貧窮所左右的勇氣和毅力。

生活是現實的。每個人的豆腐，每個人的人生，全部按照個人的喜好、習慣和意願自加配料。不必非要用別人的要求來要求自己，知道怎樣是適合自已的就行了。但是，加料要全神貫注。料加錯了，回頭可就難了。儘管這樣，我們不能「破豆腐破摔」，驚惶失措是大忌，不但問題得不到解決，反而會徒增碰壁的可能；倒不如靜下心來，也許一切便迎刃而解了。所謂失敗是成功之母，那麼，跌倒可以說是站起來的開始。

有一塊人生豆腐就夠了。人想擁有的念頭不為錯，但這世間美好的東西實在太多了，我們總希望讓盡可能多的東西為自己所擁有，孰不知在貪婪的佔有中，心靈也被腐蝕掉了。烹食方法也是多種多樣，先悶後炒，先炸後煮，自已看著辦，不要去東施效顰，學好也就罷了，就怕學好艱難學壞易。堅守自己做人的道德，這種投資的價值，要遠遠大於任何能以金錢衡量的貨幣資本。豆腐產出時也經過了複雜的孕育過程，豆腐品質有很大差別，火候千萬把握好。認真是一種態度。除了正面的含義外，它至少還能引申兩層意思：

精明刁滑與呆板迂腐。任何時候都要防止走向這兩個極端。當然，想要簡簡單單，涼拌也不錯，老豆腐、嫩豆腐，成功不成功自己來。生活就像山谷回聲，我們付出了什麼，就得到了什麼；我們耕種了什麼，就收穫什麼。

一塊豆腐，煮一生，吃一生，何必為一時之不對味就想放棄整盤豆腐?!雖然我們無法改變人生，但我們可以改變人生觀；雖然我們無法改變環境，但我們可以改變心境。用心烹好了，吃飽了，留下兩小塊細細品味。還有什麼看不開?人生百態，豆腐百味。

關於豆腐，其實還有很多可說的。

前日，朋友告訴我一個致富的秘訣：賣豆腐。做稀了，買豆腐花；做乾了，賣豆腐乾；做壞了，賣豆腐渣；放久了，賣臭豆腐。只賺不賠，關係一般的人，他還不告訴別人。幸虧他告訴了我，不然我會上他的攤子上買豆腐的！

閒話吃魚

抬箸入口，魚肉肥美細膩，湯汁清香醇鮮，就吃個腥唇膏腴，填滿口腹之欲，心滿意足不及其餘。

我不是漁民的兒子。但我生活在一條小河邊。我愛吃魚，在家族裡是出了名的。名貴的，普通的；新鮮的，嘴巴不停地囁合，尾巴不停地擺動；不新鮮的，魚鰓發烏長涎，肚腸異味沖鼻。這些魚無一不吃。這不禁讓我想起清初的李漁，這位大美食家一生嗜蟹如命，每年在螃蟹未上市之前，即儲錢以待，自呼為「買命錢」。我喜魚雖未達到那種程度，但見魚若狂之狀，不比李漁遜色。

故鄉臘月，家家都醃鹹魚，團圓飯的時候，少不了來一鍋鹹魚燉豆腐。炭火悠悠，水泡突突，香味嫋嫋。個把時辰，魚骨酥軟，草菇灰黑，湯汁晶瑩，宛若初雪覆蒼苔。

故鄉河塘有鯿魚，沒有武昌魚。鯿魚不是武昌魚。

武昌魚入饌自古有之，《詩經》已有記載。武昌魚之稱，始見於《三國志》中「寧飲建業水，不食武昌魚」。武昌魚產於鄂州梁子湖樊口，兩側各有十四根魚刺，數刺便知真偽了。

數刺很麻煩。鯿魚和武昌魚單從外表是很難區分的。味口才是最高的裁判。武昌魚的味口有上世紀三十年代貴婦人的「樣」兒，貴婦人雍容華貴中總有一點慵困。不同的貴婦人，慵困是不同的。這一點慵困是「那一個」，想學是學不來的。武昌魚的確華貴。這種華貴不是絲裙拖地、珠光寶氣，是風姿秀逸。鯿魚的味口不及武昌魚，是大小姐，挺拔俊美，卻慧中不足。

經過歷代名廚調治，現今楚鄉的武昌魚菜品多達數十種，如清蒸武昌魚、花釀武昌魚、蝴蝶武昌魚、茅台武昌魚、雞粥奶油武昌魚、紅燒武昌魚、楊梅武昌魚、白雪臘梅武昌魚、海參武昌魚、風乾武昌魚等，其中尤以清蒸武昌魚膾炙人口，清香撲鼻，肉嫩味鮮，四方遊客無不一品為快。

我是能夠做清蒸武昌魚的。趕早上市場，買回一條活武昌魚，刮洗乾淨，在口字型的武昌魚上剞蘭草花刀，放進沸水中略燙去腥，抹上精鹽料酒醃漬幾分鐘，平放在魚盤中央。將冬菇、冬筍和熟火腿肉片蓋在魚身上，四周擱青豆、蔥段、薑片，淋入熟豬油、清雞湯，再撒下沸水燙過的豬板油丁，入籠以旺火猛蒸一刻鐘。端出後，揀走蔥段、薑片，澆上小磨麻油和少許胡椒粉，就可以上桌了。抬箸入口，魚肉肥美細膩，湯汁清香醇鮮，就吃個腥唇膏腴，填滿口腹之慾，心滿意足不及其餘。

武昌魚以清蒸為最。我想主要是保持魚的原汁原味。李漁在《閒情偶寄》中說魚「緊火蒸之極熟」，「鮮味盡在魚中，並無一物能浸，亦無一氣可泄，真上著也。」此言極是。但是，並非所有的魚清蒸都好吃。比如草魚，我認為以紅燒為美。草魚骨富膠質，紅燒之後，湯汁粘稠，色澤金黃，味濃透鮮。

魚中，鯽魚也是尋常人家感興趣的物件，因為尋常，因為想吃就能吃得到。鯿魚或武昌魚，不易活；死的，味道頓失。鯽魚命賤，出水很長時間還能咂口擺尾。命賤的不是沒有好貨，破窯出好瓦。野鯽魚就是「好瓦」。以前的鯽魚沒有「家」「野」之分，都是野鯽魚。現在，魚池或承包塘裡的鯽魚是家鯽魚。家鯽魚和野鯽魚，就像一個是家雞，一個是野雞。家雞是從野雞馴化而來的，但家雞永遠只能是家雞。以前沒有家鯽魚的時候，活水裡的或者寬水域裡的是上等品，池塘裡的就差多了。池塘裡的鯽魚有土腥味。如今，家鯽魚還要加一種味道——激素的味道。裹了激素的飼料，家鯽魚瘋吃瘋長；體含激素的家鯽魚，食客不喜歡吃，那吃是吃吃一笑的吃。

用鯽魚製菜，早在清代就有。曹雪芹青年時到蘇州姑母家作客。在市場上，看到水盆中活蹦亂跳的烏背鯽魚，及小販出售的「浪裡雞頭」（芡實）。他雅興大發，心想何不買回兩尾鯽魚，回去做一道鯽魚拘芡實的菜。當即買了活鯽魚和芡實，回到姑母家，請廚師把芡塞到洗淨的魚肚裡清燉。果然清香撲鼻，非常好吃。曹雪芹邊吃邊想，這樣好吃的魚菜，得有個好名字。烏背鯽魚像河蚌，芡實似珍珠，那麼這菜就叫「大蚌燉珍珠」！大文學家就是與眾不同，大蚌燉珍珠，碗未登席，鼻觀已開，一啜到口，芳溢齒頰。

無獨有偶。「揚州八怪」之一的鄭板橋，一日忽發奇想，叫家人將朋友送來的鮮肉切碎後塞入魚腹中煎烹，戲名曰：「鯽魚懷胎」，製法與「大蚌燉珍珠」相仿。論其格調，信是逸品無疑。

我不喜歡紅燒鯽魚，樂做鯽魚湯。將鯽魚刮去鱗，去鰓，除去內臟，洗淨黑肚衣，在半月形的魚體上抹上油鹽，稍等片刻就可以下鍋。鯽魚湯能敵「大湯黃魚」，湯汁奶白，蔥段翠綠，風韻彌漫。

鱖魚，是中國特產，與黃河鯉魚、松江鱸魚和興凱湖大白魚並稱我國「四大淡水名魚」。鱖魚國人很早就食用了。北魏酈道元《水經注》稱「其頭似羊，豐肉少骨，名水底羊」。宋代以後成為筵上名饌。清代《調鼎集》上有批片炒、氽，切塊燒、燜、凍，切絲燴，切丁拌，剔肉燴並作羹等菜式。直到今天，餐桌上鱖魚之類的菜肴，立即升了一個檔次。

鱖魚在民間叫「季花魚」，一直不知道為什麼用此稱呼。從事飲食工作後，才明白此「季花」乃彼「罽花」。「罽花」，是用毛做成毯子一類的東西。鱖魚體呈仿錘型，體背為橄欖色，腹部灰白色，身上有雜花，這就近乎古代的「罽花」，故以「罽花」名之，一直沿襲下來。明人徐文長在一首「雙魚」的題畫詩後附注：罽音計，即今花毯其鱗紋似之，故曰罽魚。我來湖北省黃石市工作後，才知道張志和的〈漁歌子〉就是在這裡的西塞山上寫的。西塞山在黃石城區東部，山勢突兀，橫行於江中，幾近截斷江面。在山的西北臨江峭壁上，有桃花古洞。此洞即為張志和垂釣避風躲雨處。「西塞山前白鷺飛，桃花流水鱖魚肥」是這裡的真實寫照。但是不少人把「鱖」字讀成「厥」字，讀半邊。為了避免貽笑大方，這裡的餐廳一律把「鱖魚」寫成「桂魚」，幾十年來也就約定俗成了。

現各地以鱖魚製作的名菜甚多，如江蘇的叉燒鱖魚、松鼠鱖魚，江西的乾蒸鱖魚，湖北的白汁鱖魚，湖南的柴把鱖魚，浙江的炸溜鱖魚，安徽的醃鮮鱖魚等。其中，江蘇傳統名菜松鼠鱖魚是在古代全魚炙（即油炙全魚）基礎上演變而成的。鱖魚在晉代被譽為「龍肉」。相傳乾隆下江南，私訪入蘇州松鶴樓，堅持要吃祭台上的鮮魚供品。店家將魚烹成松鼠形，以避宰殺「神魚」之諱，此菜從此流傳開來。松鼠鱖魚製作並不複雜，將鮮活鱖魚治淨，齊胸鰭切下魚頭，在魚頭下巴處剖開，用刀面輕輕拍平，再用刀沿脊骨兩側批至尾部，斬去脊骨，魚皮朝下，批去魚刺，然後在魚肉上劃菱形刀紋，經熱油一炸，魚肉翻卷，狀如松果，整條魚頭昂尾翹，上桌澆鹵料，發出吱吱聲，有如松鼠。這道菜，色呈棗紅，外脆裡鬆，酸甜鹹香均有，就是沒有一點魚味！

松鼠鱖魚實際上是一款失敗的「名菜」。人說，法國菜是鼻子的菜，日本菜是眼睛的菜，中國菜是舌頭的菜。舌頭菜是什麼？就是重本味。所謂「五味調和」，就是利用基本的調味、定性調味和輔助調味，去掉原料中的異、腥、惡、羶、臭、膩等不好的味，而賦以鮮美的味，純正的味，可口的味。事實上，鱖魚油炸之中，寶貴的鮮魚本體原汁大量消失，違背了傳統烹調「有味使之出，無味使之入」的原則！

浙江千島湖以水碧、島綠、石怪、洞奇而名聞遐邇。但是給我留下最深印象的倒不是這「四絕」，而是「千島湖有機魚頭」。

進餐廳，主人向我推薦這道菜。「精品魚頭皇」一上桌，我驚呆了。這裡的有機魚頭特別大，所以其盛具也是訂製的——比臉盆還要大的砂鍋。廚師得以文火熬製數小時，才能造就這份貨真價實的魚頭王。在乳白色的濃湯裡，蛋皮、火腿、香菇、蝦仁、鵪鶉蛋等配料簇擁著一個碩大的魚頭，一點也沒有泥土腥味，似乎包含了魚鮮、雞肉鮮等綜合起來的各種湯味之精華。

我很納悶，一條魚只吃魚頭，不是太浪費了？擔心其實是多餘的。魚的其他部分都做成了全魚宴上的菜肴，從頭到尾巴，依次是「精品魚頭皇」、「金針魚臉」、「龍蝦戲魚腦」、「魚唇鮑魚」、「香菜魚皮」、「特色魚片」、「魚雲竹蓀煲（鰓邊葡萄肉）」、「香炸魚球（肉）」、「脆皮魚尾」、「雙色魚球」、「三絲敲魚捲（敲魚肉）」、「魚米之鄉（魚圓）」、「蒜子魚泡（鰾）」。這些魚菜的做法用上了烹飪技法上的十八般武藝，蒸、熬、燉、煎、炸、爆……應有盡有。實際上，這是古代「全魚宴」的再版。

中國「全魚宴」包括兩種類型，一類是由不同種類的魚製出各種菜肴組合而成，如潯陽魚宴、巴陵全魚席、松花江花魚席等。一類是只用一種魚為主料，製出冷熱菜肴、羹湯麵點，如南通無刺刀魚席、兩淮鱔魚宴、武漢回魚宴、赫哲族皇魚宴等。千島湖全魚宴可以歸屬後一類，而且與江西南豐的全魚宴十分相似。

南豐的全魚宴，還與唐宋八大家之一的曾鞏大有淵源。

曾鞏讀書十分用功，飲食漸少，急壞了曾鞏賢慧的妻子。曾妻不僅才貌出眾，且外秀慧中，尤善女工與烹調。她督促書童每日抽空在盱江垂釣，再通過自己的心靈手巧，做出種種美食，改善伙食，增強曾鞏與兩位小叔子的食慾，讓他們更加精神奮發地學習知識。這一日，書童釣到一尾重達五、六斤重的大青魚。曾妻眼前一亮，靈機非動，盡展烹調手藝，燒出一桌好菜，給曾家兄弟一個驚喜。她窮盡心智，精工製作，將一條大青魚化成了色香味形各不相同、風味殊異的十盤美食。擺上石桌，她娓娓道出名目與特點。曾家兄弟食欲大開，菜足飯飽之餘讚不絕口，曾鞏更是激情洋溢，誇讚娘子：「南豐有三子（桔子、爐子、女子）之說，誠不欺也。娘子手藝精深，實在意味深長，催人奮進啊。」

這一桌全魚席菜肴，經這兒廚師發揚光大，便成了流傳千年的全魚宴。我收藏了南豐全魚宴菜譜，茲錄如下：魚丸、魚絲、魚捲、魚片、紅燒魚、糖醋魚、腐皮魚、炸魚條、燉魚頭。江西老表人厚道，沒有浙商老到。千島湖的酒店老闆通過媒體，到處宣傳，好像他們就是魚宴「首創」。如今這年月，光做不說不行，光說不做也不行，又做又說才叫——行。

杜甫的「五柳魚」一點也不普通，它是如此至情至性、至善至美，杜甫和五柳魚真是雙佳的上上之品。

閒話吃魚，不能不說「五柳魚」。

「五柳魚」本是成都一道普通魚菜，如今卻登上了大雅之堂——人民大會堂宴會廳。《國宴菜譜集錦》中介紹它的做法是：取青魚一條，加工去內臟後，用沸水燙一下，然後剖成兩爿，再在魚身上剞上花刀，用紹興酒、精鹽等調味品上味後，醃漬一刻鐘左右。將熟火腿、冬菇、冬筍、紅辣椒切成細絲，薑、蔥也切絲。將魚上籠蒸約一刻鐘後取出，把各種絲用高湯燴製後，澆在魚身上即成。這魚我那年在成都學習時吃過，其特點我至今記憶猶新：魚肉鮮香、色彩鮮豔，味略酸甜、清淡適口。

一道普通的菜肴能上國宴菜譜，或多或少與杜甫有關。

唐乾元二年，詩人杜甫為躲避安史之亂，隨著逃難隊伍漂泊流落到四川。在朋友們的資助下，居住在成都郊外浣花溪畔的草堂。由於沒有供奉，杜甫生活十分貧困，經常過著「百年粗糲腐儒餐」、「恆饑稚子色淒涼」的日子。草堂周圍風景如畫，浣花溪畔綠竹依依，佳木蔥蔥，芳草青青。杜甫在窮困中常與朋友在此地吟詩抒懷，或與鄰居對飲暢談，倒也不以為苦。有一次，杜甫聞知一位多年相交的好友要路過成都返歸故里，急投一書，邀請朋友到他家小聚。書中寫道：「舍南舍北皆春水，但見群鷗日日業。花徑不曾緣客掃，蓬門今始為君開。盤飧市遠無兼味，樽酒家貧只舊醅。肯與鄰翁相對飲，隔籬呼取盡餘杯。」投出後，遲遲未收到朋友覆信，他以為朋友未接到信，於是也就不再在意了。一天，天上下著毛毛細雨。杜甫親手栽種的翠竹楊柳在雨中顯得格外婀娜多姿，引得杜甫詩興大發，不禁吟道：「風含翠筱娟娟淨，雨只紅蕖冉冉香，」剛吟到這兒，忽見朋友自雨中來，他喜出望外，忙迎客人入室，喧寒問暖，談得十分融洽。時到中午，杜甫猛然想起近日家中經濟拮据，沒有東西可以款待朋友，怎麼辦呢？恰巧這時家人冒雨在溪裡釣上一條大魚，杜甫高興異常，拿過魚來，親自為朋友烹製。朋友嚐後，覺得此魚酸、甜、辣味俱全，還伴有醬香，吃來別有風味，問其名稱，杜甫道：「這魚背上有五顏六色的絲，形如柳葉，乾脆就叫『五柳魚』吧。我們的先賢陶淵明，採菊東籬，棄官隱居，人稱『五柳』先生，叫五柳魚也表表我們對他的敬仰之情。」從此，五柳魚的名稱便傳之後世。

故事很淒美動人。杜甫的「五柳魚」一點也不普通，它是如此至情至性、至善至美，杜甫和五柳魚真是雙佳的上上之品。

江西興國是客家人的發源地之一，興國人特別講究飲食文化，其歇後語「七八九不講，專講十（食）」，足為佐證。在這些令人口饞的菜中，尤其以「三魚」——魚絲、粉蒸魚和蝴蝶魚令人叫絕。「九九十八彎，彎彎匯成河，河水清又清，魚兒一大群。」魚米之鄉的盛名由來已久。勤勞的漁民唱著漁歌，搖著竹筏，吃出了別具一格的興國「三魚」。

興國魚絲寄託著妻子對丈夫的思念。有一年，一個排工的妻子，以魚肉和薯粉為原料，用製粉乾的方法，精心烹製了魚肉粉絲，在丈夫外出謀生前，用此菜為丈夫送行。這排工吃著鮮嫩的粉絲，不知何物，問起菜名，妻子含情脈脈地說：「郎行千里牽奴心，這菜叫『與你相思』。」這一年，這個排工早早地帶著錢回到家裡，讓左鄰右舍盼郎歸的女

可分不可離的綜合，韻味格外悠遠。

魚絲就是「與你相思」。魚絲的味道就是相思的味道。魚絲入衷腸，情意長縈迴，可分不可離的綜合，韻味格外悠遠。

粉蒸魚的由來緣於夫妻倆的鬥智。羅姓船工常到河邊捕魚，日子一長，魚也吃膩了。一天，他對妻子說，若能做出一道與往日不同的魚菜，獎她一對鐲子。羅家女人想：往日，不是煎就是煮，這回只有試一試蒸了。於是她在蒸甑裡面放上芋頭、茄子、豆角之類的蔬菜，拌上米粉、調料，用猛火攻之，待蔬菜熟了，拌好油、鹽、生薑等調成的糊汁，灑上蔥花後上桌。掀開木蓋，魚味四散，夾入口中，活鮮麻辣俱在，不但米粉魚好吃，下面墊底的蔬菜因沾了魚味也很可口。後來，人們把木甑改成竹製的蒸籠，做法更為簡便。

簡便不簡單。美食無法無天，以自以為是為上。

在「三魚」中，蝴蝶魚最具情趣。過去有一對小兄弟，父母雙亡。哥哥娶了老婆想分家。嫂子頗為賢淑，為哥倆做一道菜。她把切片的魚脊肉撒上薯粉，用錘子砸成薄片，燒開水一汆，魚片即像蝴蝶般張開雙翼，在清清的湯中上下翻飛。蝴蝶魚湯鮮肉嫩，兩片離而不斷的翅膀，恰如分割不開的兄弟情義。嫂子和顏悅色地說：「兄弟之情像這魚片一樣，砸爛了肉還連著筋。」哥哥大悟，不言分家之事。

哥哥大悟什麼？歸納起來不外乎是「和羹調鼎」。上灶五味要調和，為人處世也要調和。不然，老子不會感歎：「治國如烹小鮮。」

重慶的來鳳原是成渝古驛道上的一個驛站，璧河「鱗之屬有江鯉、崖鯉、白鰱、鱒鯽、七星魚、紅梢魚、子巾魚等」。這些魚簡稱「來鳳魚」，是重慶「江湖菜」流行之鼻祖。辣子雞、芋兒雞、郵亭鯽魚、太安魚等，在烹製手法上，都沒有擺脫「來鳳魚」的影響。

明末清初「湖廣填四川」，大批來自江南魚米之鄉的移民來到來鳳，他們除繼續種田養魚外，還把江南烹魚的技術帶到了巴渝，與川味結合，形成容閩、鄂、粵、湘菜風味與川菜風味的「來鳳魚」。

「來鳳魚」之美，主要是個味字。這與川菜以麻、辣、鹹、甜、酸、苦、香七種基本味為主調，巧妙配合、騰挪變化相當契合。「來鳳魚」之味，豐富，奇異，醇和，以善用麻辣見長。味型有鮮鹹、家常、陳皮、麻辣、麻醬、豆瓣、薑汁、甜香、酸辣、荔枝、柑桔、桂花、鳳梨等，味型多樣，變化精微，因人而異，因時而異，因地而異，因料而異，因席而異。見異思遷，但本質沒變，不是一個薄情女子。

我是吃過「來鳳魚」的。最辣的，辣得徹底，但激烈之中缺少了香味，魚的自然味道有些折扣，沒有一點迴旋想像的空間；中辣的，辣而不足，是讓人流口水又打噴嚏樣子，但遮不住魚的腥味；香辣才是中庸之道。懂得辣椒的人，不會一辣到底，而是三種辣味各施其優，才能體會辣椒的妙處。把這妙處發揮到極致，即成香辣。香辣，是辣中一種風流境界。

有辛辣滋味者，並非僅僅辣椒一位，蔥、薑、蒜，都是辣的，如果說辣椒是奧斯卡的最佳演員，一出鏡就謀殺膠片無數，蔥薑蒜就算是「脫口秀」的節目主持人，天天見到，親切如自己的一部分。他們都是配料，但是不可或缺，俗話說：「蒜辣口，椒辣胃，薑辣心。」不同的口感在一起融合，才形成了千變萬化的味道。

不辣不革命。辣椒很容易與革命相連：紅色的、刺激的、與毛澤東有關的。

在辣這個味道中，也一直在革命，與百味相融，並生出層出不窮的千香百味來。關於辣味，隻言片語難以解釋清楚，與味蕾豐富的感覺相比，語言實在是太匱乏了，如何形容那一種種相似卻又不同的味道？如何把握那種細微之處的觸摸與親熱？辣之味道，百口莫辯，油辣、糊辣、乾辣、青辣、糟辣、酸辣、麻辣、蒜辣……朝天椒、小青椒、小米椒、牛角椒、柿子椒、燈籠椒，再加上各種天然的調味料和奇異的植物藥草……而廚師們又把辣味的菜肴做得辣而不死，辣而不燥，辣得適口，辣得有輕重層次，辣得有韻味，辣得歡快。

鱸魚麵吃的是湯水，奔的是那分清純，屠門大嚼，胃口大開，懷疑世間竟有這等美味。

最後說說鱸魚。

鱸魚棲息近海，也進入淡水。夏、秋大量捕撈。《煙花記》曾記載隋煬帝對鱸魚的評論：所謂金齏玉膾，東南之佳味也。元代王惲在《食鱸魚詩》中謂其「愈啖味愈長。」到了清代，鱸魚肴饌在沿海一帶日趨常見，是筵席名菜之一。歷史的列車奔駛到今天，為人所稱道的鱸魚名菜有：上海的軟溜鱸魚片，廣東的香滑鱸魚球，福建的菊花鱸魚，浙江的千煎金錢魚，海南的攀鱸鍋巴湯，香港的釀烤鱸魚片，天津的蘿蔔絲氽鱸魚，新疆的網拖五道黑等。但至今讓我樂道的是福建漳州東山海島漁家的鱸魚麵。

東山是明理學家黃道周故里，南瀕南海到廣東省潮汕甚近。有一年我到潮汕辦事，被好客的朋友拖到了東山。參觀遊覽了「天下第一奇石」的風動石、黃道周紀念館、明太祖朱元璋為防倭寇騷擾而建的銅山古城後，我上了海島漁家，專門去吃鱸魚麵。

島外來了客人，自然是稀客。我們一進門，主婦就忙著和麵，燒水張羅佐酒海鮮。船老大把櫓一舉，筐鉤一拎，去抓鱸魚。我連忙跟了上去。崖邊樁上的纜繩解開了，小舢板一晃動，大櫓鯊魚尾似地搖擺起來。那舢板像一匹脫韁的快馬，在波峰浪谷間起伏衝刺，濺起銀色的浪花，撲向搖櫓人和我。什麼風向，什麼水流，鱸魚此時此刻在哪兒覓食，船老大瞭若指掌。筐鉤一下，就如同布下了八卦陣。我剛抽完一支香菸，船老大就起鉤了。

鱸魚、黃姑魚睜著驚訝的眼睛，來不及掙扎，小艙裡，五顏六色的魚，張著嘴，扇著腮，蹦蹦跳跳，發出劈啪的響聲。讒得海鷗一會兒盤旋，一會兒俯衝，嘎咕嘎咕著不肯離去。

五六斤重的鱸魚被請上案台，不知是歡迎我們，還是嚮往大海，掀起脊樑，一竄尺把高。主婦操起菜刀，嘴巴還念念有詞。看腮，鮮紅鮮亮，看脊，清清爽爽，幾點蘆花一派大畫家寫意。主婦心一橫，刀起血出，它就成了我們鱸魚麵的主料。

鱸魚麵不放油，只要適量的鹽，不放蔥蒜，只放幾片去腥的黃薑片。魚和薑在開水鍋裡幾個翻滾，魚肉就離開了骨架，湯水牛奶似的乳白醇厚，湯麵上還漂著幾縷油花，熱氣縹縹緲緲的，滿屋彌漫著魚香。這時候，主婦會小心翼翼地把魚頭魚刺撈出。鱸魚刺很厲害，傷人是不講情面的。

鱸魚麵吃的是湯水，奔的是那分清純，屠門大嚼，胃口大開，懷疑世間竟有這等美味。魚之味乃百味之味。象徵著美味之「鮮」字，是要有魚和有羊的。其實，這剛抓起來的鱸魚，不要什麼羊已經鮮得無以復加了。

中國幅源遼闊，魚菜上千萬款，誰也無法一一品嚐，也不必一一品嚐。喜歡就夠了，也許一些美好之事不經意間便水到渠成，而且這樣得到的美好反而更牢固。

如意豆芽

節日時，炒上一盤豆芽，闔家歡喜，稱心如意。豆芽就像如意。

豆芽是一種極普通但又極受歡迎的家庭菜肴。

極受歡迎就是驚豔。驚豔在這裡：「冰肌玉質」、「金芽寸長」、「白龍之鬚」。這是古人的讚譽。李時珍也是古人，他站在養生的高度，用手一揮：惟此豆芽白美獨異，食後清心養身。人的雜念太多，清心才能寡慾，寡慾海闊天空。節日時，炒上一盤豆芽，闔家歡喜，稱心如意。豆芽就像如意。

豆芽入饌，始見東漢時期成書的《神農本草經》。該書把「大豆黃捲」列為「中品」，記得做法是：「造黃捲法，壬癸日以井華水浸黑大豆，候芽長五寸，乾之即為黃捲。用時熬過，服食所需也。」並對它的名作如下解釋：「大豆作黃捲，比之區萌而達蘖者，長十數倍矣。從艮而震，震而巽矣，自癸而甲，甲而乙矣。」艮、震、巽，都是卦名。艮是停止，震是震動，含陰陽交合的意思。巽是進入。癸、甲、乙分別是天干的第十位、第一位和第二位。從癸到甲，甲指草木破土而萌，乙喻草木初生、枝葉柔軟屈曲。這裡指豆芽發生的過程。

我欣賞這個過程。過程即狀態。經常用一種狀態去觀察，能發現別人難以發現的事物的妙處，也能發現自己未注意的別人對事物的觀察的妙處。我們太關注結果了，過程往往被省略。飲食的妙處，恰恰是過程和結果的統一。

豆芽在古代，主要用於食療，「甘溫無毒」，主治風濕和膝痛。昔人謂安身之本必資於食，救疾之速必憑於藥。今人卻忘記了。人是容易忘乎所以的。

在宋朝，食豆芽已相當普遍。豆芽與筍、菌，已並列為素食鮮味三霸。主要用於涼拌，「沸湯略焯，薑醋和之，肉燥尤宜。」涼拌豆芽，黃白相間，氣味獨特清新，口感清脆有勁。既好它的味道，又好它的顏色，宋人就食色任性了。

明清之後，有把豆芽做羹的，也有用油炒著吃的，還有以雞汁和豚汁燙而食之的。這時候食豆芽，須掐去根鬚及豆，因此稱作「掐菜」。我極愛這個「掐」字，有所為有所不為。「掐菜」留莖，脆而入味，就像老夫聊發少年狂，有情趣，更有意趣。

既有意趣，文人們就開始講究豆芽入湯融味。袁枚總結：「豆芽柔脆，余頗愛之。炒須熟爛，作料之味才能融洽。可配燕窩，以柔配柔，以白配白，故也。然以其賤陪極貴，人多之，不知惟巢由正可陪堯舜耳。」林洪的《山家清供》也說：「溫陵人家，中元前數日，以水浸黑豆，曝之。及芽，以糠皮置盆中，鋪沙植豆，用板壓。長則覆以桶，曉則曬之，欲其齊而不為風日損也。中元，則陳於祖宗之前，越三日出之。洗，焯以油、鹽、苦酒，香料可為茹，捲以麻餅尤佳。色淺黃，名『鵝黃豆生』。」林洪這裡說的溫陵，就是泉州，較詳細地介紹泉州一帶的老百姓舊曆七月十五日前浸黑豆催生豆芽，十五日敬祖宗，然後食用。「鵝黃豆生」這道泉州的名菜好像失傳了，倒是清明時節，家家戶戶的潤餅菜，必定要有綠豆芽才提味。

西方稱豆腐、豆芽、醬和麵筋是中國食品的四大發明。一九五六年毛澤東與音樂工作者談話時說：「中國的豆腐、豆芽菜、皮蛋、北京的烤鴨是有特殊性的，別國比不上，可以國際化。」一些營養專家和食品專家認為，豆芽所含的葉綠素能夠分解人體消化道的亞硝酸胺，有助預防直腸癌惡性腫瘤，豆芽含有若干強力的抗癌物質，具有意想不到的營養和醫療價值。美國德克薩斯州防癌研究所還發現，從豆芽的營養價值和保健作用來看，也不失為一種「如意菜」。在中外飲食文化交流中，中國人學會了飲用德國人的啤酒，而德國人則將中國的豆芽引入。豆芽菜如今已傳遍歐美，它和豆腐一樣成為中國菜的象徵。

素炒豆芽的妙處，就在於青白相映成趣，香味互動，氣息氤氳，延續著主料和配料留下的細膩感觸，溫柔而感性地將我舒適地包裹在精緻芬芳中。

山珍海味我是吃過的，但沒有什麼記憶。倒是豆芽這樣簡簡單單的菜肴，讓我銘心。銘心的是豆芽形象。自從被人類認識以來，千年不變，豆芽一直是原生狀態。原生態的豆芽，纖細的身材，支撐著特大的頭，視覺衝擊強烈，像智力發育大大超前於身體成長的幼兒。俗話說：「頭大是君子。」在詫異之餘，在如意之餘，憐愛從心底汩湧。當然，這不過是先入為主的思維帶來的錯覺。豆芽並不怨悔，我行我素，毫不在乎，委實愧對它那幾乎與體重等量的腦袋。

銘心的還有我對豆芽一種特殊的感情。小時候，我四肢細瘦，天靈蓋上留著個木梳背兒，頭就搶了母親的眼球。母親親暱地拍著我的後背，說：「你乳名就叫豆芽吧。」嘴角掛著寧靜的笑。

母親在家自孵豆芽時，嘴角也掛著寧靜的笑。我總站在一旁觀看，不知母親是孵黃豆，還是孵我。

對於豆芽，用一個「孵」字，較之於「發」、「生」等說法，更為傳神。叫人聯想到雞蛋在母雞溫暖的翅膀下，漸變為雛雞的美妙過程，那是偉大母愛對綿延不息的生命守望。

母親先要採摘箬竹葉若干張，細緻地洗洗，鋪於甏底。甏底有三兩泉眼，瀝水透氣。孵黃豆芽不加任何肥料，但需每日勤澆水，最好是井水。井水是地下水，勝過香醇美酒。自來水不行，明礬和氯，勾兌了水的品質。甏置於客堂角落、天井角落，不要陽光，只要陰涼。我老家門口有棵百年樟樹，終年舒展著綠色的樹冠，樹幹三人合抱還不夠，樹洞兩童孩躲藏還有餘。這是甏的家，也是黃豆芽的家。

我每天偷偷叩開「家」門，學著母親的樣子噴灑著井水，濕漉漉的小手掀開濕漉漉的草墊，覬覦它們發育狀況，在心底深情地問一句：今天你們還好嗎？

母親不理解我對豆芽的關懷。母親只關懷她叫豆芽的兒子，手舉得高高的落在屁股上卻極輕極輕地將我支開。我鼓起嘴巴，為豆芽打抱不平：為什麼我每天快樂地坐在陽光下的秋千板上，小腿還不時地前後甩動，黃豆們卻在黑暗的甏中，受苦受難？

黃豆就是黃豆，心安理得地接受水分滋養。水分賦予黃豆生命的魂靈。沒過幾天，黃豆籽不入於污泥，根不資於扶植，嫩莖寸長，珠蕤雙粒，匪綠匪青，不丹不赤，怯怯地扭捏著髮絲一樣的腰身，偷窺即將面臨的新世界。一種生氣，一種力量，一種希望，我心中彷彿也在萌生起一片生機。

母親一直以為黃豆芽是種很美麗的蔬菜。在母親的印象裡，黃豆芽總是和好天氣聯繫在一起。在陽光下洗黃豆芽，很容易感恩生活。

母親教我感恩生活，讓我先洗好黃豆芽。把黃豆芽浸在井水裡，豆瓣上透明的胎膜慢慢漂浮起來，隨水波蕩漾。窩起手掌，撈起胎膜，一定要看一下水珠從指縫間滑落的姿態，以及其上輕輕映照的藍色。再過一道清水，只剩下黃豆芽們安靜地躺在水面之下。我在夏天游泳，曾經在水塘底下仰望過藍天，所以，我很能體會黃豆芽們當時的心情，雖然不忍心打擾，卻還是要將它們撈到竹籃裡。

母親摘其根鬚，斷為寸節，大火，熱油，下鐵鍋素炒。油水相遇，哧哧作響，充滿了居家過日子的喜慶。脆嫩的豆芽往往帶生澀的豆腥味，添一點陳醋，微酸蓋住澀味。放上蔥段，翻炒幾下，起鍋即成。素炒豆芽的妙處，就在於青白相映成趣，香味互動，氣息氤氳，延續著主料和配料留下的細膩感觸，溫柔而感性地將我舒適地包裹在精緻芬芳中。

如果要提高黃豆芽的待遇，母親便會做如意米粉。將蒜瓣搗泥，熟芝麻碾末，與辣醬、香醋拌成料醬。鍋上旺火，燒開沸水，略煮豆芽撈出；再放米粉煮熟裝盆，下豆芽、豬油、醬油拌勻；鍋置火上，豬油燒熱，倒入米粉、豆芽、韭菜，炒熟，注進蒜泥水，按量裝碗摻上適量料醬便可享受了。米粉與料醬的原始活力，豆芽和韭菜享受、成長的慾望，全新表達出全新氣息，彷彿蝴蝶翅膀般拂過肌膚。鬆韌、青脆、碧綠、利口，共同宣佈著自身的存在，以與經典的色香味相同的脈理，裝點著幸福的生活。

黃豆芽的近親是綠豆芽，自然，孵綠豆芽與孵黃豆芽如出一轍，相同的涅槃經歷，詮釋著相似的命運歸宿。不過，綠豆芽與黃豆芽相比，各有千秋。首先是芽瓣顏色的不同，前者淡綠色，帶著令人如沐春風的清新氣息，使人彷彿置身於春天雨後的田野中，野花、青草與露水的味道縈繞在周圍的空氣中，身心也自然跟著放鬆；後者淺黃色，會讓人聯想到太陽的顏色，可愛而成熟，文雅而自然，不論扮演著什麼角色，都會有屬於自己的那份黃色暢想曲。其次是外形差別，前者柔嫩纖巧，行動如弱柳扶風；後者年輕氣壯，風流猶長劍倚天。最後是秉性相異，綠豆芽像鄰家小女，婀娜多姿，清新可人，在我們搖擺的日子裡，她用特有的靈性，喚醒我們重新觸摸自然、藝術、社會、人生的種種哲理思考；後者則與沒有任何雜質的少年別無二致，用一種更淳樸、更率真心態，取捨人間冷暖世態炎涼，提示我們在沈默中擁抱執拗的力量。

如今，幾乎很難見到居家孵豆芽了。老街、小巷逐漸消失。鋼筋水泥為我們營造了舒適寬敞的環境，卻讓老景漸行漸遠。更何況，精緻的豆芽大規模淪為底層配料，油汪汪辣乎乎，沒了原來的小家碧玉的清爽，楞吃不出豆芽該有的感覺。吃完就剩一個字：麻辣。

如此說來，我還是喜歡用豆芽做涼拌、乾煸、汆湯等菜品，有時候還露一手「絕活」，將小小的豆芽一根根掐頭去尾名之曰「銀芽」，然後用時間和情調把它剖開，張飛繡花般地往豆芽裡塞餡，碼味做菜。鮮香而不泥腥，嫩爽而不莖連，化渣而不跑舌，實在如同天籟般的美食享受。

那就趕緊吃吧。在滿是禪意的二胡獨奏曲《聽松》下嘴嚼，色香味在曼妙舒展的旋律中自由飛揚……

雜涮火鍋

吃火鍋，就是恰倒好處地讓人食色，讓人食香，讓人食美。火鍋是美食，吃火鍋是食美。

美食，常常是一定時間意義上的恰到好處。吃火鍋，就是恰倒好處地讓人食色，讓人食香，讓人食美。火鍋是美食，吃火鍋是食美。

火鍋是中國傳統飲食方式，起源於民間，歷史悠久。今日火鍋的容器、製法和調味等，雖然經歷上千年的演變，但一個共同點未變，即用火燒鍋，以水（湯）導熱，煮（涮）食物。這種烹調方法早在商周時期就已經出現，《韓詩外傳》中記載，古代祭祀中或慶典，要「擊鐘列鼎」而食，眾人圍在鼎四周，將牛羊肉等放入鼎中煮熟分食，這就是雜涮火鍋的萌芽。

火鍋選材之廣泛，菜單上琳琅滿目的菜品，有葷有素，有老有嫩，有脆有鮮，再配以畫龍點睛的涼菜、小吃，讓人目不暇接。吃火鍋，須擇其所好，自涮自燙。自己操作，彷彿味道之於果實，聲音之於樂器。

吃火鍋有燙食法和煮食法的區別。質地嫩脆，如魚片、肉片、腰片、羊肉，即燙即食。質地比較緊密，頃刻間不易熟的則要「七上八下」，多燙一會兒，如毛肚、雞腸，前者「起泡」，後者「打捲」。雞爪、鴨鵝掌、肉丸、蹄筋，鯽魚、鱔魚、泥鰍、帶魚、蝦、香菇、魚丸、魔芋、粉條、肥腸等都適合煮食。燙食和煮食，簡單地說，是過日子，複雜地說，還是過日子。

古代火鍋是什麼樣子？浙江等地曾出土五千多年前的與陶釜配套使用的小陶灶，可以很方便地移動，可能是火鍋初級形式。北京延慶縣龍慶峽山戎文化遺址中出土的春秋時期青銅火鍋，有加熱過的痕跡。陝西寶雞市郊一座周墓，出土的獨柱帶盤的鼎，其耳、柱、腹、足、盤五部分竟是一次鑄成，這只怪異的連體鼎，內鑄七個字，意即魚伯給不敢吃冷食的妻子刑姬做了一個帶火的鼎，這是目前發現的最早的「火鍋」。《中國陶瓷史》中介紹的「樵斗」，放在火盆之中，以炭火溫食，可能是暖鍋的原型；東漢墓葬中已出土一種稱為「染爐」、「染杯」的小銅器，可以推斷這就是古代單人使用的小火鍋。據北齊《魏書》記載，曹丕代漢稱帝時期，有銅製火鍋出現，其「鑄銅為器，大口寬腹，名曰銅爨，即薄且輕，易於熟食」，是當時火鍋一類的炊具，但並不流行。唐宋時，火鍋開始盛行，官府和名流家中設宴，多備火鍋。在五代，就出現過五格火鍋，可調五種味道，類似現在的「多味火鍋」。一九八四年，內蒙古昭烏達盟敖漢旗出土了一幅墓葬壁畫，畫中繪三個契丹人席地而坐，圍著一個火鍋，有一人在涮羊肉，畫上有桌，桌上放著兩個盤子，還有酒杯、酒瓶、羊肉塊等，描繪的是我國遼代人涮羊肉火鍋情景。在古人那裡，火鍋就不是道具，也不是陳設，更不是點綴，而是食美情懷。

到了南北朝，火鍋開始在我國北方地區流行，主要用來涮豬、牛、羊等肉食。著名詩人白居易在詩〈問劉十九〉中吟道：「綠蟻新醅酒，紅泥小火爐，晚來天欲雪，能飲一杯無？」這樣的天氣裡，吃火鍋，喝紅酒，回味的已經不僅僅是鍋中之美味，也不僅僅是一個季節，還有一個生命。宋人林洪在其《山家清供》中提到吃火鍋之事，即其所稱的「撥霞供」，談到他遊歷五夷山，訪師道，在雪地得一兔子，無廚師烹製，就自己動手，殺兔用「酒醬、椒料活之。以風爐安桌上，用火半銚，候湯響一杯後，各分以箸，令自夾入湯擺熟，啖之，乃隨意各以汁供。」從吃法上看，它類似現在的「涮羊肉火鍋」。可以想像，火鍋升騰的霧氣，很快地被武夷山冷空氣逼散，反覆朦朧著他們的臉，但他們似乎喜歡這樣的感覺。兔肉在熱湯中舒展，然後再結實地拉緊，使它們在他們的牙齒中保持甜美的彈性。火鍋繼續升騰，繼續朦朧他們的臉，吃不完的留下餐。在本餐和下餐之間，正好拜師問道，完成一次心靈對話。

火鍋真正興盛起來，是在明清。除民間食用火鍋外，各種涮肉火鍋已成為宮廷冬令佳餚。從規模、設備、場面來看，以清皇室的宮廷火鍋最為氣派。清帝王的冬季食單上野味火鍋、羊肉火鍋、生肉火鍋、菊花火鍋等，都是御膳檔案中常見的火鍋美食。鍋具形式已有雙環方形火鍋、蛋丸魚圓火鍋、分隔圓形火鍋等。清代曾四次擺「千叟宴」，其中康熙朝擺兩次，且人數均超過了千人，後兩次在乾隆時期。乾隆對乃祖康熙的文治武功十分景仰，就連「千叟宴」，不但有繼承而且有發展，第一次人數就超過了三千，第二次人數加上未入座的達到了五千，特地用了一千六百五十只火鍋宴請嘉賓，成為歷史上最盛大的火鍋宴，其規模可上今天的「迪尼斯紀錄」！有人說，「千叟宴」是康、乾祖孫貪吃的例證。我決不苟同。貪吃和好吃是有區別的，貪吃是整個兒都掉下去了；好吃卻保持著適當距離，有進退空間。吃火鍋的空間，就是民主和自由。即便是封建王朝，也是如此。

又說「火鍋」一詞，起源於荊州——也就是今天的湖北方言「夥鍋」。湖北素有千湖之鄉的稱謂，有許多水上人家。由於船上空間狹小，不可能置備更多的炊具和餐具。每次都是把所有的菜肴合在一起，用湖水煮熟，然後全家人就著鍋夾菜吃飯。那時的「夥鍋」，很有點類似於今天的大雜燴。

諸葛亮四歲那年，爆發了歷史上有名的黃巾起義。一時間，群雄爭霸，天下大亂。諸葛亮雖然出身於官宦世家，無奈生逢末世，也飽受顛沛流離之苦。西元一九六年，少年諸葛亮隨叔父流浪到荊州襄陽，最後安身於襄陽城西二十多里的隆中，過起了晴耕雨讀的生活。由於家境沒落，幾乎淪為自耕農，但使諸葛亮有機會接觸「火鍋」這種平民食品。

官渡之戰，曹操消滅了軍力十倍於他的袁紹，成為中國首席軍事強人。而英名遠播的皇叔劉備，不過是荊州刺史劉表旗下一支區區三千人馬的雇傭軍頭領。如此巨大的反差，劉皇叔心何以甘？情何以堪？這時，荊州名士徐庶向劉備極力推薦年僅二十七歲的「臥龍」諸葛亮。

劉備三顧茅廬之際，正值隆冬，大雪封山，天寒地凍。用餐之時，飯菜易冷，常常是熱了又熱，熱不勝熱。於是，聰明的諸葛亮就對大雜燴的「夥鍋」進行了第一次改良。他使用炭火，在「夥鍋」下面持續性供熱，讓湯水一直處於滾沸狀態，這樣，直到酒足飯飽，也能吃到又熱又鮮的菜肴，特別適合於把酒論英雄。「夥鍋」就這樣成了「火鍋」。

大意可以失荊洲。大意未必可以失火鍋。直到現在，湖南、湖北、河南一些地方的莊戶人家，仍有食用這種火鍋。

重慶火鍋，既是一種美味佳餚，又是一種烹飪方式，也是飲食文化史的一個重要章節。

重慶火鍋出現較晚，大約是在清代道光年間。

重慶火鍋有人說發源於重慶對岸的江北；有人說是起源於川南江城瀘州。我傾向於後者。

瀘州在長江邊。船工跑船常宿於小米灘，停船即升火做飯驅寒，炊具僅一瓦罐，罐中盛湯，加入各種菜，又添以海椒、花椒祛濕，船工吃後，美不可言。這食俗便沿襲下來，傳至重慶扎根，並漸豐富，成為川人特有的美食。據記載，當時黔牛屠宰後，頭蹄內臟（肝、肚、牛油、心、舌、毛肚）等「牛下水」既難烹製，又量大值賤，幾文錢便可一膏饞吻。江上冬日，朔風凜冽，露重霜寒，碼頭上的船工、力夫無法下館子一飽口福，只好找來無人要的「牛下水」洗淨，用簡陋的鍋灶，煎牛油後，加上辣椒、花椒、薑、蒜等調料入味，再加牛骨熬湯，後將「牛下水」、蔬菜等一骨腦倒入鍋裡，燙而食之，以具薑桂麻辣之性的川味驅寒除濕。於是，一種在麻辣鹹鮮的鹵汁中自燙自食的飲食形式便應運而生，同時，因其可口灑脫價廉，故大受水手縴夫、野老街女的青睞，風行一時。後來發展到挑擔叫賣，於擔頭置泥爐一具，爐上置分格的大洋鐵盆一只，盆內翻煎倒滾著一種又辣又麻又鹹的鹵汁。走街串巷，挑子擇地而頓，一聲長喝，於是河邊、橋頭的一般賣勞力的朋友，周圍的生張熟魏便呼嘯而至，圍著挑子開懷大嚼，鼓腹長飲。直至一九二六年前後，重慶的桌席上才開始有了火鍋。當時宰房街口有回民馬氏兄弟，將小販肩上的擔頭移到桌上，泥爐依然，只是將分格鐵盆換成了青銅小鍋，研製湯味，增添蘸汁以配合鹵汁食用。由於登堂入室後，「牛下水」之名不雅，便重新取名為「水八塊」，並且迅速在各大街小巷盛行起來，後經過飲食界的不斷改進，色、香、味獨具特色，至抗日戰爭時期才以重慶火鍋命名。

抗戰時期，山城重慶，集聚了國共兩黨政要和名流。火鍋獨特的味道，使他們上癮；火鍋成為他們的酒席上珍肴。那時的火鍋店，瓷面圓桌，矮桌配矮凳，高桌配高凳（這也是火鍋經營之竅門，婦女多穿旗袍，坐高凳才方便），每桌坐四人，桌面中央挖一圓洞，放入泥火爐，鹵汁用的是銅鍋或鋁鍋盛裝，裝菜用的是金邊瓷盤，有的店還備有冰櫃。專人製作鹵汁，以求味正；專人管理爐火，不加生炭，而是先把炭燒紅了再加進爐膛，避免了煙、灰；配有茶壺、茶杯，邊吃火鍋邊喝茶，以解油膩。選料挑剔，錯亂不得：牛的肚、肝、腰，非水牛莫屬；背柳肉、紅包肉（牛腿上的淨瘦肉）、和尚頭肉，不是黃牛的不用；吃魚必須用活鯽魚；摻入鹵水的同時還要摻入老蔭茶；甜料不用冰糖而用醪糟汁；調湯、調碟都不用味精而用原汁原味。素菜只用碗豆苗、白菜心、黃蔥、蒜苗，而不用菠菜，特別禁用豆腐，豆腐壞鹵水。難怪，「朝天門、枇杷山，火鍋小吃店，伴我八年度磨難，飯菜麻辣香，霧都印記難消散！」這首小詩在當年能夠流行。

重慶火鍋同著名的川菜一樣，所以能夠得到迅速發展，長盛不衰，是因為它有「天府之國」物產豐富的物質基礎，有巴蜀人「尚滋味」、「好辛香」之飲食風俗的影響，在其發展過程中又吸收眾家之長，如對東北火鍋、山東火鍋、廣東火鍋等，統統實行「拿來主義」，尤其突出的是在「味」字上做文章，故能促使其成為「味在重慶」的又一傑作。

重慶火鍋，既是一種美味佳餚，又是一種烹飪方式，也是飲食文化史的一個重要章節。我好吃重慶火鍋。我不知道我的文字能否還原它真切的靈性。

重慶火鍋的鹵汁一直處於滾沸之中。滾沸的鹵汁，是活鹵汁，就是燙。燙是有重量的，不是一般意義上的重量。正像一棵蓬勃的大樹，它的重量絕非木頭的斤兩，而是站立的力量。燙的重量就是捨己。捨己，就是把生命獻出。捨己越勇敢，燙的重量越大，所以，一燙當三鮮。

重慶火鍋的湯鹵汁均用鮮香原料和調料做成。無論是紅湯鹵、白湯鹵，所用的原料如雞、魚、棒子骨等，都十分新鮮，含有多種谷氨酸和核甘酸，這些物質在鹵汁中相互作用，產生十分誘人的鮮香味，加之配以上乘調料如醪糟汁、花椒、豆瓣、料灑等，使其鮮味更濃；另一方面，凡入火鍋燙食的原料，現做現吃，即燙即食。鹵汁用料鮮、火鍋燙料鮮，真可謂鮮上加鮮，鮮濃味美。鮮是節奏緩慢的歌聲，在那一唱三歎陰柔婉轉的緩慢裡，時間的步子彷彿慢下了，慢下來了——過往的色香味來得及以一種青水袖的緩慢作憑依，任我們細細品咂。

重慶火鍋最初的鹵汁是以麻辣為主，只放些豆瓣、薑、蒜花椒等調料，對人刺激性大。後來發展為用牛骨、活雞、鯽魚、鴨、蛇等吊湯，即增加了鮮味，又減輕了刺激性。有的火鍋品種，從種種不同的湯汁，到各式各樣的調味料，數量可達三十多種，可謂各味俱全。近年來，利用原料的變化，又產生了多種味道的火鍋，如啤酒鴨火鍋的啤酒風味，酸菜魚火鍋的酸菜香味，海鮮火鍋散發出的海鮮味等，是在麻辣味基礎上的一種發展。此外，附屬於重慶火鍋的味碟也有多種，如用麻油、熟菜油、湯汁等調製成的，適應了不同口味的需要。因此，以麻辣為基礎並輔以其他眾多味型，使之具有較廣的適應性。味適眾口，不仰視高官，不鄙視貧民，傳遞著貼心貼肺的深情，滋養著大人物小人物的精氣神。

有人詼諧地說，當今的重慶火鍋是「天上飛的不吃飛機，地上跑的不吃火車」，其他什麼都能吃。當然這是玩笑話，不過重慶火鍋確實選料廣泛，獨具一格。老火鍋——重慶毛肚火鍋，以毛肚為主，後來發展到清湯火鍋、鴛鴦火鍋，已被人讚不絕口了，可是，重慶火鍋走到成都，走到全川乃至全國，卻把範圍擴大了：什麼啤酒鴨火鍋、狗肉火鍋、肥牛火鍋、辣子雞火鍋、蛇肉火鍋等等，品種不下百餘種，還有為外國人準備的西洋火鍋。

放入火鍋燙食的東西擴大到了家禽、水產、海鮮、野味、動物內臟、各類蔬菜和干鮮菌果等，真是「各取腹所需，各吃口所長」。不過，隨心所欲，前提是食而不淫，如此，消費的精華和揚棄的糟粕就會帶給我們一段時間的營養。吃我們該吃的，看到紅杏般日子，會一朵接一朵；吃我們不該吃的，快樂是以無數與人類為伴的生命凋零為代價的，動物消失的那一天，上帝不會給人類造一艘諾亞方舟的！

重慶火鍋做法十分考究。選料必須符合要求，質量上乘，力求新鮮，如豆瓣必須用郫縣豆瓣或元紅豆瓣，否則，味道不夠；酸菜魚火鍋所用的酸菜，要用新鮮的泡酸菜，否則，鹹鮮味不濃。刀工應該出自高手，肉片、腰片、雞片要片得大而薄；環喉、肚樑、雞肫要刻花刀；蔥段、蒜苗、金針菇等要切得長短一致，整齊美觀。擺桌面也有講究，先燙食的原料離鍋近些，反之遠些，原料有主有次，主次分明；大小盤子，圍往火鍋，如眾星拱月，十分好看。總之，從備料到燙食，必須有條不紊，一絲不苟，使食者感受到其特有的韻味，猶如欣賞了一首名曲，回味無窮。

重慶火鍋，眾人喜愛，這還與吃火鍋的樂趣有關。親戚相聚，朋友小酌，圍著火鍋邊吃邊聊，無拘無束，濃香熱氣與和睦的氣氛交融，其樂無窮！宋人林洪說吃火鍋有「團圓熱暖之樂」，清詩人嚴辰詠火鍋詩句「圍爐聚飲歡呼處，百味消融小釜中」，正是這種樂趣的寫照。但是，重慶火鍋最妙的是四季皆宜，越熱越「燙」。夏天吃火鍋有如詞家中之「豪放派」，或如「武松打虎式」，頗有「梁夫人擊鼓戰金山之概」。吹著空調，吃著西瓜，照燙火鍋，吃的就是過癮。

火鍋之中各種成分不分高低貴賤，大家同在一鍋，只有同舟共濟，方能最終造就美味。由是觀之，中國經濟，可稱得上是火鍋經濟。

我生活的城市人吃火鍋，很少按照「規矩」辦事，約三五好友或一家團聚，想吃什麼就買什麼，想怎麼吃就怎麼吃。在吃火鍋上，與時俱進是很正常的事情，無須倡導。

據說，日本火鍋講究「血統」。它種類多、湯底講究，包括海鮮火鍋、高湯火鍋等。而其中「壽喜燒火鍋」是由日本農民發明的。傳說日本古代就有這種吃火鍋的習慣，農民將魚肉、蔬菜放入地坑上的鍋裡，邊煮邊吃。從十九世紀後半期以後，火鍋吃法在日本普及開來，人們將牛肉切成薄片和海鮮、蔬菜等一起放在鍋裡煮，吃時沾上生雞蛋汁、醬油和糖做成的調味料。現在，日本火鍋又進一步發展，無論湯底、材料還是佐料，都強調火鍋的原汁原味，講究材料的原產地。

湯底是火鍋的靈魂。日本火鍋湯底多以昆布（一種深海海草）、柴魚或味噌為主，湯頭清淡，突顯材料原有的美味。日本人認為美味的湯底，等於提供火鍋材料一個美好的舞台，這樣承接下來的味覺表演更能達到完美。

日本火鍋的佐料常見的有青白蔥切片、生薑泥、山椒粉、胡麻、唐辛子、香味野菜、柑橘碎末、昆布海苔、漬梅等。剛出鍋的食物，經過佐料送入口中，完美滋味就呈現得淋漓盡致。海鮮類火鍋的蘸醬多使用橘醋、蘋果醋等水果醋，肉類為主的則以添加特殊風味，如柚子的芝麻醬汁為主。在日本，每家日式火鍋店一般都會研製獨家獨特的佐料，以配合不同的食物。

清酒是吃日本火鍋不可缺少的一部分，熱著飲就更有味道。千紙鶴、菊正宗等是傳統的日本清酒。

日本火鍋的所謂「正宗」，說到底是怕亂了菜肴的本性。

他們這種做法，我並不恭維。

中國火鍋把雜七雜八的玩意兒放在一鍋同涮同煮，不是照就盛行不衰?!火鍋之中各種成分不分高低貴賤，大家同在一鍋，只有同舟共濟，方能最終造就美味。由是觀之，中國經濟，可稱得上是火鍋經濟。

宮保雞丁

中國的菜點命名，大體上可歸納為寫實與寓意兩類。雞丁無疑是寫實，「宮保」無疑寓意。

我上餐館，只要讓我點菜，必然少不了川菜名品「宮保雞丁」。楚人口味與四川的相仿。而「宮保雞丁」，色澤金紅而油亮，質地韌柔，口味甘香，略帶麻辣，正好與卑人嗜好相匹配。

第一次吃「宮保雞丁」，大約在上個世紀八〇年代末。我問本地一廚師，「雞丁」之前為何加上「宮保」二字？這位廚師一張闊嘴巴上兩片溫存的厚嘴唇，一開一合地說，皇帝後宮中天天保證上的雞丁，就是「宮保雞丁」。我一笑，這種說法與「『上海測繪研究所』簡稱為『上廁所』」類似，好笑，但把它記住了。時間長了，一琢磨廚師的解釋，總覺得不妥。中國的菜點命名，大體上可歸納為寫實與寓意兩類。雞丁無疑是寫實，「宮保」無疑寓意。倘若依廚師所言，那太牽強附會了。

還是書本知識有用，「宮保」原與丁寶楨有關。丁寶楨是清咸豐三年進士，歷任山東巡撫、四川總督。清朝總督是地方的最高長官，對總督的尊稱叫「宮保」，所以這道菜被稱為「宮保雞丁」。丁寶楨對烹調十分講究，在山東為官期間，曾調用廚師達數十名，他常告訴家廚：做菜要精細，不能落俗套。有一次丁寶楨回家鄉省親，親朋好友為其洗塵接風，做了些菜招待他。其中有一嫩青椒炒雞丁頗受丁的喜愛，他便問這菜的名稱。有人為了討好他便說：此菜專為宮保大人所作，當以「宮保雞丁」命名。丁甚喜，連連點頭稱是。自此，「宮保雞丁」這道菜便開始流傳開來。又說丁寶楨任四川總督時，每逢有家宴，必上自己做的肉嫩味美的花生炒雞丁款待客人，很受客人們的歡迎和讚賞。以後，人們便將丁宮保家的這道特色菜稱為「宮保雞丁」了。不久，這道菜便進入了清宮，成為宮廷菜系中的一道佳餚。並很快成為廣大民眾百食不厭的珍饌佳餚，後經廚師們的不斷改進創新，至今，已成為享譽全國的名菜。

丁寶楨幸甚哉？呵呵，因菜名記牢他的人，恐怕比「宮保」而記住他的要多得多。

食、情、理，緊與「味」意相綰，品味保康，辯味明哲，識味達理。

「宮保雞丁」歸屬於川菜名品，貴州和山東都不服氣。貴州的理由很直接，丁保楨係貴州平遠（今織今）縣人，作家李頡人又有「入川時喜吃他家人作的一種油碟（即炸糊辣子炸雞丁），四川人接受了這個食單」的記載。實際上，貴州的「宮保雞丁」真的與四川的有別。貴州「宮保雞丁」辣味醇厚，頗有後勁。肉丁是雞腿肉，辣椒是糍粑辣椒。糍粑辣椒第一次聽說，挺新鮮的，但做法不新鮮，將乾辣椒去蒂，用水發脹，加薑、蒜舂成糍粑狀就行了。雞丁要片片帶皮，要用甜釀酒、雞蛋清和芡粉碼味。先炒糍粑辣椒，把油燒紅後，放薑片、蒜片炒香，最後炒雞丁。起鍋的時候倒入調味汁，翻炒幾鍋鏟即成。調味汁裡有醋、醬油、甜麵醬、鹽。從頭到尾，沒有配菜花生。

山東的「宮爆雞丁」即炒雞丁，相傳為丁寶禎的家廚周進臣、劉桂祥所創。此菜的訣竅有三：油多，火旺，雞丁外裹一層糊。雞丁「穿衣」，旺火爆炒，則能快熟而肉嫩。「爆炒」，為山東菜的重要烹調方法之一，因此，現在稱此菜為「宮爆雞丁」。

四川的「宮保雞丁」，將嫩雞肉切成雞丁，用醬油、鹽、蛋清抓勻。醬油、鹽、醋、澱粉、雞湯調製成汁起鍋。花生炒熟，去皮。鍋中放油，燒熱放入辣椒、花椒，隨後下雞丁炒散，再加入蔥、薑、蒜、料酒，炒一下，再倒入調汁炒勻，倒入炒脆的花生米，翻炒數下即可。色澤棕紅，口味鮮美，肉質細嫩，辣香甜酸，滑嫩爽口，油而不膩，辣而不燥。

依本人之淺見，把「宮保雞丁」作川菜名款是很合適的，因為「宮保」一詞早已在川菜中有用料加用味上的特殊含義，況且，比較三地做法，各不相同。美食是一種積累。這就好比如今的「溫州模式」，在全國其他各地為「姓資」、「姓社」爭得臉紅耳赤時，溫州人選擇了市場經濟，你還能說「溫州模式」不是溫州人幹出的?!

更為重要的是，「宮保雞丁」還是川菜糊辣類菜肴的典型代表。川菜除了麻辣以外，還有不同的辣椒品種，佐以不同的調味料，經過不同的烹調工藝處理，衍生出了糟辣、糊辣、香辣、鮮辣、酸辣等多種並不雷同的味型，從而構成了川菜迷人的辣韻風情。

糊辣類「宮保雞丁」重在糊辣味型。糊辣味型並非是要把菜肴或者調味料炒糊了吃，而是當乾辣椒節和花椒顆粒投入熱油鍋時，經過高油溫的激發，辣椒節和花椒粒在變糊的臨界點前彌散出來的一種糊辣香氣。糊辣所用的乾辣椒節，以四川二金條為好，至於花椒，當然是大紅袍了。雖然這兩樣東西和麻辣味的主要調料是一樣的，但是所成味道卻截然不同。糊辣之香，把麻、辣味覺轉換為生命意味中的觸覺和視覺。

目前川菜流行的大菜裡，少見糊辣佳作，其實把它用來烹製螃蟹十分美妙。大概製法與一般糊辣也沒什麼出奇之處，只是在調味時，要配以重重的糖醋，至滋汁幾近起絲時才算用夠，入口有驚異的味感，讓想像力飛翔。

現在非正宗的川菜酒樓飯店，在烹調「宮保雞丁」時，往往用麻辣或香辣替代。這是大錯而特錯的。麻辣，是川菜最正宗、最霸氣的一種辣，成味既麻且辣，色澤紅豔如火。麻辣味型有著冷熱菜的分別，冷菜中的麻辣，具有麻、辣、鹹、香，味道醇厚；熱菜中的麻辣味相比冷菜，又多出了個「燙」字。在調製麻辣味時，有一點是非常關鍵的，也是往往被人忽略的，那就是加糖。糖，融合百味，在過去和未來之間承上啟下。麻辣味型，成為它最直接的敘事文本。在不斷地調和中，通過麻辣的認知來確定糖的地位，確定自身的存在。

香辣是在麻辣、糊辣等基礎上出現的一種味道，調味過程中，它借用了大量的呈香料，比如花生、芝麻等等，讓好吃的嘴們在嘶嘶抽氣中，感受到一種複合的香。典型的香辣味要屬街頭的老式串串香。一盆燙好的原料，只需要在用辣椒、花椒、熟芝麻、碎花生粒和孜然粉兌製的甘味碟裡沾上一沾，其辣、麻、香的味道和特色便突顯出來了。在流行菜肴中，兔頭和鴨唇對這一味型的運用算是比較成功的。原本是邊角餘料的東西，在經過鹵和炸以後，入鍋用上述調味料一炒，就變成了想著看著都要流口水的美食。

「宮保雞丁」有葷素兩種，相異主要在主料，前者為雞肉，後者為熟麵筋。可喜的是，同名兩款菜能調出辣香酸甜麻味，實在過癮。葷「宮保雞丁」是婚姻，素「宮保雞丁」是婚外戀，在回眸的畫面裡，它們都是一首韻味無窮的情詩。

無論葷、素「宮保雞丁」，味始終處於核心的地位。再好的東西沒有味也是人所不願吃的，再好的味老沒有變化也是要吃膩的。創製名菜的關鍵技藝主要是為味服務的，味是主要矛盾，是矛盾的主要方面。鑑賞名菜的核心標準就是看它有沒有味，味道如何，是否純淨、有無變化、組合技巧等等。

什麼味是最美的呢？味美的標準是什麼？一般認為自然之味是最美的，是美的標準。古人認為知味必須以淡味和本味為至味。所謂至味就是真味，是自然味，是味的基礎，其他味是人為可造的，隨心所欲，巧奪天工，曲意奉承，掩蓋真相。原味主義派追求味的本意，追求味的真善美。以科學嚴謹的態度對待味，是最高境界的探索者。

《道德經》中寫道：「五味令人口爽。」爽是傷敗的意思，味多味厚，容易亂口傷胃。明代陳繼儒在《養生膚語》中這樣注解：「日常所養，一賴五味，若過多偏勝，則五臟偏重，不唯不得養，且以伐矣。試以真味嘗之，如五穀，如菽麥，如瓜果，味皆淡，此可見天地養人之本意，至味皆在淡中。今人務為濃厚者，殆失其味之正邪？」

明代陸樹聲在《清暑筆談》中說：「都下庖製食物，凡鵝鴨雞豚類，永遠料物炮炙，氣味辛濃，已失本然之味。夫五味主淡，淡則味真。昔人偶斷羞食淡飯者曰：今日方知真味，向來幾為舌本所瞞。」

李時珍在《本草綱目》中寫道：「五味入胃，喜歸本髒，有餘之病，宜本味通之。」清代美食家袁枚在《隨園食單・火候須知》中也說：「甘而不濃，酸而不酷，鹹而不減，辛而不烈，淡而不薄，肥而不膩。」使一物各獻一性，一碗各成一味。「有味者使其出，無味者使其入。」

味的制約、調和、選擇，是創製名菜過程中不可忽視的要點，也是最難掌握的技巧，對味的操縱不是簡單的靠各種技術手段，而是要進入較高的思想境界。

至味的獲得，需要至美的渴求。紅塵熾烈，物慾洶洶，精神常無棲所。只有從世俗的夾縫中為自己營造一種心境和情緒，為自己心靈墾植出一片濃蔭，以脈脈情愫給心靈以撫慰和關懷，才能「逸出世網」，創造心境，使自己時常有「清泉」洗滌心靈的市塵，並在美的縈迂下，蔓生出至味。

古人還認為：「食無定味，適口者珍。」這句話也是千真萬確的，有的人吃菜必須要放辣椒，而有的人吃菜始終離不開醋，寧波人愛吃腐敗得臭不可聞的鹹菜，吃的時候卻覺得有比蘭芝還香的氣息、比肥肉鮮魚還美的味道。凡此種種，均因人而異，所以說對味的認識由來已久，雖觀點不同，但基本精神是一致的，那就是「看菜下飯」，根據民俗、地理、環境、時間、材料、器皿等創造出不同的風味，一句話，根據需要、吃的對象來創造各自喜歡和適宜的口味。

優選用料決定了味的基礎，料不對則味不對；巧妙加工決定了味的豐富多樣性；多種的烹調手段創造出千變萬化的口味；重視五味和風味則決定了味的形成目標。說到底，名菜是圍繞著對味的認識不斷昇華而不斷創新和發展的。

由此，我想到中國的詩文。中國的詩文往往以「味道」來評判其優劣，語詞的有限與感覺的精緐便導致了「通感」的發展，這是中國文學藝術與飲食文化的一大特徵。所以，陶潛才「被褐幸自得」，「養真」於「衡茅」之下；陸游才有「鄙夫五鼎少，達士一瓢足」「惟有著書殊未厭」，而「得意煙霞」的自適。這正是食、情、理，緊與「味」意相綰，品味保康，辯味明哲，識味達理。

打住，這一番全在鼓噪「味」了，與雞丁何干？

十年寒窗，可以造就一個秀才；十年學藝，很難培養一名廚。

把「宮保雞丁」說成「宮爆雞丁」，還是說得過去的。爆是一種烹製方法。中菜烹製方法共三十三項。多年以前，我編了一個順口溜：「汆、涮、熬、燴、燉、燜、煨，煮、燒、扒、炸、溜『相隨』，爆、炒、烹、煎、煽、貼、蒸，釀、烤、焗、熏、勺和醉，鹵、醬、拌、熗與拔絲，掛霜、蜜汁『別大意』。」每種又有細別。炸分清炸、乾炸、軟炸、酥炸、紙包炸、脆炸鬆炸、油淋和油潑；炒分生炒、熟炒、滑炒、清炒、乾炒、抓炒、軟炒、爆炒；爆再分油爆、芫爆、醬爆、蔥爆、水爆和湯爆；溜也分焦溜、滑溜、軟溜、醋溜和漕溜等。他們各有嚴格的工藝規程，絲毫錯亂不得。十年寒窗，可以造就一個秀才；十年學藝，很難培養一名廚。不經過反覆磨練，不學會數百種乃至上千種菜肴的製法；每種菜不操作十遍、二十遍，訣竅就掌握不好，質量就達不到要求。社會上所謂速成廚師培訓班，完全相信不得的。

速成有包裝的味道。包裝的本質就是偽裝。皇帝新衣是童話，非童話中以醜招徠的鬧劇比比皆是。這種包裝從物的包裝，肉的包裝，進入了靈魂的包裝，徹底暴露了靈魂之醜，是真正的無法偽飾之醜了。

「宮保雞丁」還難在切配雞丁上。這引申出另一個話題，就是中國菜肴如何定量。雞丁多大才是標準？有人說大如拇指，有人講小如無名指，很難統一。不能像漢堡、炸薯條等外國速食，把各種主料、輔料都予以量化。這也是中式速食難以推廣普及的根本原因。中國菜品種豐富，特色鮮明，有不同的「幫口」，一系一格，並不雷同。何況許多菜系資格古老，如果探尋其發展源流，大都是「千歲壽星」了。像魯菜、鄂菜萌芽於春秋戰國；川菜、素菜發軔於秦漢魏晉；陝西菜、河南菜、江蘇菜、浙江菜，興盛於隋唐兩宋；蒙古菜、回族菜、北京菜、廣東菜，風蜚於金元明清。上海菜雖說年輕一些，也是個「雙百老人」；仿膳菜這個「小弟弟」，早就「年過古稀」了。至於孔府菜、譚家菜，也歷經滄桑，名聲顯赫；而滿族菜、傣族菜，至今仍保留歷史煙塵，有其殊風別韻。它們好像《紅樓夢》中的大觀園，整個來看，有總體風格，各個住所又有不同諧趣。沒有必要照搬外國的做法。外國月亮不比中國的圓！

喜吃「宮保雞丁」。

這些年，我一見到嫩仔雞上市就買，宰殺取出雞脯肉，剞上十字花紋，切成小拇指大的方塊，加精鹽、紹酒等碼味後用濕澱粉拌勻，在熱豬油中與花椒、花生仁等翻炒，適時入滋汁，適時起鍋。辣香酸甜，滑嫩爽口。可別忘了下生薑。民間有「上床蘿蔔，下床薑」之說，一盤「宮保雞丁」，少了好薑也會減色的。

第三輯　平民小吃

嚼嚼燒餅

燒餅少了芝麻，如人行走在路上久久徘徊，缺失了方向。

我們大概都吃過燒餅，它大都是以麵粉、植物油等為主要原料，用特製鍋爐烤製而成的食品，其爐灶上口為圓形，有凹下的爐膛，直徑約二尺，爐口上安置餅鐺。其熱力為燃燒碎煤渣，以保持恆溫，與現今使用的烤箱不同。剛出爐的燒餅，香味濃郁，酥脆可口，回味無窮。多少年來，一直得到平民百姓的喜愛。

燒餅無疑是緣於古代的餅。餅在古時，是穀物、粉麵製成的食品的統稱。漢代劉熙在《釋名》中就說：「蒸餅、湯餅、蠍餅、髓餅……索餅之屬，皆隨形而名之也。」《餅餌閒談》說的更清楚：「餅搜麥麵所為，或合為之。入爐熬者名熬餅，亦曰燒餅。入籠蒸者名蒸餅。入湯烹之名湯餅。其他豆屑雜糖為之曰環餅，和乳為之曰乳餅。」

烤炙而成的燒餅，最初是沒有芝麻的，芝麻是漢代從西域傳入內地的，起初叫胡麻，因燒餅上著芝麻，故稱胡餅。《續漢書》記載：「漢靈帝作麻餅。」既然皇帝喜食燒餅，上行下效，京都皆作胡餅。

燒餅之稱的出現，始於晉代十六國之後趙皇帝石虎，因其諱胡，故將胡麻改稱芝麻，胡餅亦改稱燒餅。現如今，燒餅少了芝麻，如人行走在路上久久徘徊，缺失了方向。

到了唐代，餅的製作更為精巧，富貴人家以玫瑰、桂花、梅鹵、甘菊、薄荷和蜜為餡。另用雞、鵝膏、豬脂、花椒鹽，做「千層餅」。這種「千層餅」最早是為皇帝製作的，「食之甚美，皆乳酪膏腴之所為」。宋代，《清異錄》記有「蓮花餅」與「五福餅」。「蓮花餅」每隔有一折枝蓮花，十五隔有十五種顏色。「五福餅」是五種不同樣式的餅集於一盤，餡料各不相同，皆精美無比。與此同時，燒餅也十分盛行。《資治通鑑・玄宗》記載：安史之亂，唐玄宗與楊貴妃出逃至咸陽集賢宮，無所裹腹，任宰相的楊國忠去市場買來了胡麻餅呈獻。當時長安做胡麻餅出名的首推一家叫輔興坊的店鋪。為此，詩人白居易賦詩一首：「胡麻餅樣學京都，面脆油香新出爐。寄於饑饞楊大使，嘗香得似輔興無。」在咸陽買到的餅，不像長安輔興坊的胡麻餅。胡麻餅的做法是取清粉、芝麻、五香鹽麵、清油、鹼麵、糖等為原輔料，和麵發酵，加酥入味，揪劑成型，刷糖色，粘芝麻，入爐烤製，「面脆油香」。此做法與現代燒餅差不多。

元末時期，江淮一帶，曾流傳過劉伯溫的《燒餅歌》，很長，摘錄一段：「此城御駕盡親征，一院山河永樂平，禿頂人來文墨苑，英雄一半盡還鄉。北方胡虜殘生命，御駕親征得太平，失算功臣不敢諫，舊靈遮掩主驚魂。國壓瑞雲七載長，胡人不敢害賢良，相送金龍復故舊，靈明日月振邊疆。」筆法曲折、語言隱晦，該歌未必出自劉伯溫之手，也並非是專事研究燒餅的，它是為召喚農民起事而歌的，不過由此可見燒餅在當時已是十分大眾化的食品了。陶谷的《清異錄》中記載：「僖宗幸蜀之食，有宮人出方巾包麵粉升許，會村人獻酒一提，偏用酒浸麵，餅以進，嬪嬙泣奏曰：『此消災餅。』乞強進半枚。」說的是八八〇年八月，黃巢農民起義，兵逼長安，唐僖宗倉皇出逃，沒有吃的，宮女用宮中帶出的一點麵粉，用村裡人送的酒，一起和麵，先在鍋內烙，後在爐內烘熟，拿給他吃，說這是消災的餅。僖宗勉強吃了半塊。這種先烙後烤的方法和現在相同。

高濂的《遵生八箋》中，記有幾種明代餅方：「椒鹽餅方：白麵二斤、香油半斤、鹽半兩、好椒皮一兩、茴香半兩，三分為率，以一分純用油椒鹽、茴香和麵為穰，更入芝麻粗屑尤好。每一餅夾穰一塊，提薄入爐。又法：用湯與油對半，內用糖與芝麻屑，並油為穰。」「風消餅方：用糯米二升，搗極細為粉，作四分。一分作，一分和水，作餅煮熟。和見在二分。粉一小蜜半，正發酒醅酒醅：發酵物。兩塊，白餳同頓溶開，與粉餅擀作春餅樣薄。皮破不妨，熬盤上過，勿令焦，掛當風處。遇用量多少，入豬油中之。時用屬箸撥動，另用白糖炒麵拌和得所，生麻布擦細糝餅上。」可見，包括燒餅在內的餅，做工就十分精細了。

清朝以後，燒餅相當普及。薛寶辰重新歸納各種餅類的名稱，則是：「以生面或發麵團作餅烙之，曰烙餅，曰燒餅，曰火餅。視鍋大小為之，曰鍋規。以生麵擀薄塗油，摺疊環轉為之，曰油旋。《隨園》所謂蓑衣餅也。以酥麵實餡作餅，曰餡兒火燒。以生麵實餡作餅，曰餡兒餅。酥麵不實餡，曰酥餅。酥麵不加皮麵，曰自來酥。以麵糊入鍋搖之便薄，曰煎餅。以小勺挹之，注入鍋一勺一餅，曰淋餅。和以花片及菜，曰托麵。置有餡生餅於鍋，灌以水烙之，京師曰鍋貼，陝西名曰水津包子。作極薄餅先烙而後蒸之，曰春餅。以發麵作餅炸之，曰油餅。」

現代各地燒餅，應該說是繼承了前代的傳統而發展起來的，當然，品種與前代相比，不可同日而語了。

燒餅圓了好女人的夢，夢就叫人想起梨花帶雨的細膩和春風秋月的深情；燒餅圓了壞女人的夢，這個世界就少了一分太平多了三分憂患。

北京燒餅品種繁多，而且很有特色。《天橋雜詠》中說「酥燒餅」是「乾酥燒餅味鹹甘，形有圓方貯滿籃，薄脆生香堪細嚼，清新食品說宣南」，說「悶爐燒餅」是「燒餅圓圓入悶爐，餡分什錦麵皮酥，金台佳製名聞久，異地相充總不如」；還說「煎餅」是「傳聞煎餅最宜春，裹得麻花味特新，今日改良多進步，一年四季市間陳」。

就我所知，北京燒餅種類不下十二種。如半發麵製作的芝麻醬燒餅，麵上粘滿芝麻，餅瓤抹麻醬、撒椒鹽後捲折，故而多層。先在鐺上烙近半熟，再放入爐膛中烤之，出爐後外焦裡嫩，酥軟可口。味微鹹，直徑約兩寸。回民、漢民經營此種麵食的極為普遍。吊爐燒餅，歷史悠久，清代楊米人所著《都門竹枝詞》中有「涼果炸糕既耳多，吊爐燒餅艾窩窩」之句。此餅兩層厚皮，無瓤，這是為了夾肉或夾油餜而食。由於製作費工，逐漸為芝麻醬燒餅所代替。再如捲酥餅，與芝麻醬燒餅味同形異。製法是將半發麵擀成大片，抹勻麻醬，撒椒鹽捲成長捲，然後橫切成長約三寸、寬約二寸的長方塊，烙烤而成。糕點中也有「捲酥」，但與此不同。燜爐燒餅用油和麵，圓形，大小與核桃相近，十個連在一起，吃時掰開。所包之餡分脂油（豬油）蔥花、乾菜、豆沙、棗泥、桂花白糖、山楂白糖等等，其味各異。肉末燒餅是北京傳統宮廷的風味小吃，外焦裡酥，香酥可口。肉末燒餅又稱圓夢。相傳慈禧在逃難時，有一天正饑腸碌碌忽然聞到一陣香味，忙命小李子出去看看。不一會小李子拿來了兩塊肉末燒餅，慈禧吃得心頭噴射出燦爛而快樂的火花。回京後，一天夜裡，慈禧做了個夢，夢見吃的肉末燒餅。第二天早膳時，果然上的是肉末燒餅。慈禧一看，喜悅湧進她的心中，心彷彿蕩漾在春水裡，說她圓了夢。

燒餅圓了好女人的夢，夢就叫人想起梨花帶雨的細膩和春風秋月的深情；燒餅圓了壞女人的夢，這個世界就少了一分太平多了三分憂患。

天津燒餅價格低廉，經濟實惠，可配餜子，各種醬肉、腸類、煎雞蛋、鹹鴨蛋等卷而食之；還可配豆腐腦、鍋巴菜同吃；配上一些蔬菜，將烤餅切成小長條或小方塊，炒熟則是另有一番風味。其傳統品種是爐乾燒餅，形狀扁圓，周邊高，中間凹，外黃脆，肉柔軟，微甜，有芝麻香味。還有形狀似粽子，實係麵食的爐粽子，把鏊置於微火上，放上半成品生坯，再把四壁有眼、類似拔火罐的鐵製圓罩扣在鏊上，隨時注意火的溫度，使之受熱均勻，烤至四乾白，外皮見酥，取出晾涼，顏色雪白，食之酥甜。

烤燒餅不可急於求成。急於求成的讀書，難以體味文字的妙味；急於求成的畫畫，斷白處哪有流水迴盪?!

河北、河南燒餅有許多名品。唐山的棋子燒餅狀如小鼓、個似棋子，使用大油和香油合酥，包肉、糖、什錦、臘腸、火腿等多種餡心。色澤金黃，裡外烤製酥透，肉餡鮮香，適口不膩，便於保存。遷安的缸爐燒餅用料講究，以自己加工上等麵粉加花生油、溫水合成水麵，再用麵粉加花生油合成油麵；把五花豬肉切成豆粒大方塊，與純香油，適量蔥、花椒、薑末、肉料、香蘑末等攪拌均勻，直到有「沙沙」響聲為止。製做工藝要掌握燒爐功、包劑子功和烤功。功夫到位了，此燒餅真是風味獨特，過齒難忘。商丘的空心燒餅是把烤得金黃的燒餅接連取出，放在案上排列整齊，然後用手逐一朝花面正中穿個洞。隨即，一股熱呼呼的香味從洞眼內散發出來，直鑽買者的鼻孔，沁人肺腑，饞涎欲滴。三門峽脂油燒餅又叫脂油餅，呈扁圓形，旋紋相套，外觀焦黃明亮，咬開後層次分明，每層薄如紙，外酥內軟，濃香撲鼻。它有兩種吃法，一種是讓廚師擠壓抖開，一眨眼一個餅堆滿一碟子，蓬蓬鬆鬆，成條成片，用筷子夾著吃；另一種是保持餅的原狀。食之各具風味。河北冀州燒餅頗具烙餅的柔軟勁，揭開口，裡面可加豬肉、醬菜、扒雞、驢肉、薰腸。放乾吃，散而脆甜；涼透吃，酥麵筋道；夏天吃，涼爽舒坦、輕鬆愜意；冬天吃，溫暖如春、忘其為我。這種燒餅存放起來，春夏秋冬不發霉、不變質。烤炙得過透而火不糊，故具助消化，健脾胃之功能。一年四季可食用，心不慌。

山東燒餅以淄博周村燒餅最有名。周村燒餅是從漢代的胡餅演化改進而來的。大約在明朝中葉，周村商賈雲集，各種特色小吃應時而生，一種烘烤胡餅的「胡餅爐」傳入周村，麵食師傅在傳統的芝麻厚燒餅的加工基礎上，採納餅薄香脆的特點，最終形成現在膾炙人口的周村燒餅。這種燒餅形圓而薄如紙片，正面飾滿芝麻仁，背面佈滿酥空，色澤呈淺棕黃色為佳品。薄如秋葉，拿起一疊，有唰唰之響聲，如風中之白楊；酥，入口不咯不皮，失手落地，珠散玉碎；香，久嚼不膩，越嚼越香，且回味無窮；脆，與酥相輔相成，脆、酥合成，給人以美好難忘的口感。

我在南京讀書期間，室友王建國同學是南通人，無論寒假還是暑假返校，他都要帶來黃橋燒餅。它是我那時吃得最回味悠長的燒餅。這種燒餅產自江蘇泰興黃橋鎮。這種燒餅是用油酥和麵，而且還有餡，餡是用火腿或豬油等做成。燒餅在缸爐裡一烤，焦黃酥脆，鬆軟不散，油潤不膩，非常可口。

黃橋燒餅，究竟是誰的發明創造，現在已經沒有人能說得清楚。不過有一件事，大家記得十分深刻。一九四〇年，陳毅、粟裕兩位將軍率領新四軍東進抗日，曾在這裡舉行著名的黃橋戰役，戰鬥打響後，黃橋鎮十二家磨坊、六十只燒餅爐，日夜趕做燒餅，鎮外戰火紛飛，鎮內爐火通紅，當地群眾冒著炮火，把各種美味的芝麻燒餅送往前線，小小燒餅為戰役的勝利立下了大功，一首「黃橋燒餅黃又黃，黃橋燒餅慰勞忙……」的《黃橋燒餅歌》也從蘇北唱到蘇南，響徹神州大地，一唱幾十年。

《黃橋燒餅歌》無疑是黃橋燒餅的一個絕妙細節，詞曲作者寫起來幾乎不著力氣，但顯露他們的才氣。我記住黃橋燒餅，就是因為記得《黃橋燒餅歌》。

與泰州相隔不遠的如皋，盛產如皋燒餅。它應該與黃橋燒餅有「血緣關係」，當地人也有稱它為「黃橋燒餅」的。實際上，黃橋燒餅小而厚，重油；如皋燒餅碗口大，比較薄，更酥，吃起來酥而爽口，並且要現鏟現吃，剛出爐的燒餅，熱氣騰騰，顏色蟹黃，芝麻密佈，拿著燙手，吃起來又香又脆，妙不可言；一冷，也就板了，硬了。硬，像冬天的空氣，也像心中有苦的人的表情。

油酥燒餅是徽州非常著名的傳統風味小吃，用上等白麵粉與菜油攪拌做皮，選嫩乾菜和肥膘肉做餡，芝麻撒面，然後放入特製的大爐中，貼於爐壁，烤熟取出，故又名「火爐餅」。油酥燒餅製作工藝比較嚴格，麵粉要經過發酵，製作時在水合面和油合面上撒些花椒，食鹽，茴香籽等調料，然後疊層作捲，擀成茶碗口般大小，放進爐內焙烤，火力要均勻，底溫要適當，時間要準確。油酥燒餅的味道微甜細辣，稍有點茴香氣。

我生活的城市裡就有這種燒餅可買，它總是我的早餐，一個燒餅下肚，飽了大概九成，砸巴砸巴著嘴兒，想到了閃耀著金色光芒的麥子，想到了蜂喧蝶舞逐花忙的油菜。

銅陵太平街燒餅，與一般燒餅不相同，僅有酒杯口大小，黃澄澄形似燒熟的蟹殼，亮光光猶如剛出油鍋一般，裡外十八層、層層酥透。既是飲茶待客的理想食品，又是饋贈親友的佳品。

太平街燒餅，原名叫「橫埂頭小酥餅」。

咸豐三年，太平天國軍隊沿長江順水而下，直取南京。船經過銅陵縣的汀家洲、橫埂頭江段時，聽說遠近聞名的「橫埂頭小酥餅」就產於此地，將士們紛紛下船登岸購買。洪秀全是廣西人氏，對銅陵的方言聽不大懂，把「橫埂頭」誤聽為「換個頭」，心想這「換個頭」一定還有橫行霸道、魚肉百姓的惡棍。今日不除，更待何時?!洪秀全一行來到「橫埂頭」小街，看到的是熱熱鬧鬧一派繁榮景象，家家戶戶都在喜氣洋洋地趕製小酥餅。洪秀全品嚐了一塊，確實酥香可口，讚不絕口，便將這不好聽的「橫埂頭小街」改名為「太平街」，把這「橫埂頭小酥餅」改名為「太平街燒餅」了。這個名子既好聽、又好記，還帶有濃郁的紀念和喜慶意義，所以一直延續到今。

太平街燒餅配料精良，工藝講究，採用上等白麵為原料，配以大蔥、八角、芝麻等多種佐料，要經過大火烘烤和二次文火烘烤等十多道工序精製而成。特別是二次文火烘烤這道工序頗為講究，採用優質木炭，火力當文則文，當武則武，時間不可長，也不可短，這就要全憑燒餅大師傅的經驗來掌握了。

我在銅陵吃太平街燒餅，總覺得劉歡「路見不平以聲吼」在迴響。太平街燒餅小而有種豪氣。這豪氣又不失溫馨，真是難得。

燒餅有很多種，最為普通平常的，也是最為經濟實惠的是油鹽燒餅。油鹽燒餅的製作工藝非常簡單，就是把和好的麵擀成大餅狀，適量撒上些鹽、五香麵等作料後捲起來，揪成一個個如小拳頭大小的麵團，再擀成巴掌大小的圓形，在慢火下烙熟即可。說起來似乎很簡單，實際上，世界上本來就沒有簡單的事情。就說批發油鹽燒餅的店鋪，有的門可羅雀，有的熙熙攘攘。餅質優劣，做餅人是心慈面善還是心有私曲，一目了然。人心有一桿天秤稱。

燒餅的品種有很多種，名稱也不盡相同。普通的叫燒餅，加了肉餡的叫肉燒餅。一般的名稱都是以主料為噱頭，譬如：驢肉燒餅、果醬燒餅、油鹽燒餅。素燒餅一般都根據外形命名，譬如：馬蹄燒餅、油旋燒餅、糖酥火燒。還有的冠以地名，以突顯地方獨有特色，譬如：萊蕪燒餅、瀘洲火燒。

囉囉嗦嗦說了一大堆燒餅，也許並不感興趣。實際上，對什麼東西感興趣並不重要，重要的是興趣對我們很重要。如果我們對一件事情產生了興趣，心情就會愉快起來，情緒就會高漲起來，甚至會哼起家鄉小調，或者愉快地唱起了「燒餅歌」。

饅頭探微

無論哪一種餅，都是發明者把至深至博的愛貫注於他們至柔的心靈、至弱的軀體之中，實現一種靈魂的再現、生命的轉換。

中國的饅頭，西方的麵包，同為人類飲食史上的重大發明。

它們都與麥子有關。麥子，原本是一粒草籽，經過農人祖先的精心打磨，浸潤了無盡的陽光、空氣和水分，成了世間溫暖無比的糧倉。那時，無論是東方還是西方，人們主要是吃麥粥，一吃就是幾千年。等到人們掌握了麵粉發酵藝術，饅頭和麵包才問世，飲食才逐漸豐富起來。早在西元前一五五〇年，古希臘的克諾索斯已經有了女磨麵工、廚師和麵包師；西元前一五〇年，羅馬出現了最早的麵包房，以後官方還向所有羅馬公民分配麵包。中國饅頭始於何時，至今還無定論。中國文人想到的是治國安邦的大事，只知道記錄帝王將相的「語錄」，對黎民百姓吃饅頭還是吃粥的事情不屑一顧，饅頭的起源成了一個謎。

這個謎很有誘惑力。這個謎，事關一種深厚而普遍的民族物像的積澱，是怎樣在數千年中，一直舒展著我們的目光。

早在五千年以前，居住在黃河流域的中國人，就已經學會了種麥。無數顆麥子，流進人們口袋，變成了滿腹沉甸甸的能量。這些能量，又滋養了東方哲學意蘊，在漢代，磨就產生了。人們就逐漸將它加工成各種麵食，並逐漸在北方普及，繼而傳到南方。

中國古代凡以麥麵為食，皆謂之「餅」。以火炕，稱「爐餅」，即今天的「燒餅」；以水瀹，稱「湯餅」（或煮餅），即今天的切麵、麵條；蒸而食者，稱「蒸餅」（或籠餅），即今天的饅頭、包子；繩而食者，稱「環餅」（或寒具），即今天的饊子。無論哪一種餅，都是發明者把至深至博的愛貫注於他們至柔的心靈、至弱的軀體之中，實現一種靈魂的再現、生命的轉換。

在以上這些古老的麵食中，燒餅、湯餅等麵食都是未經過發酵的，而饅頭是中國最著名的發酵麵食品，被譽為是古代中華麵食文化的象徵。《事物紺珠》說，相傳「秦昭王作蒸餅」。蕭子顯在《齊書》中說，朝廷規定太廟祭祀時用「麵起餅」，就是「入酵麵中，令鬆鬆然也」。這裡說的「麵起餅」，大概就是最早出現的饅頭。可見，中國人吃饅頭的歷史，至少可追溯到戰國時期。

到三國，饅頭就有了自己正式的名稱。據唐代高承所撰《事物紀原》中說，諸葛亮南征孟獲，渡瀘水時，邪神作祟，按南方習慣，要以「蠻頭」（即南方人的頭）祭神，便下令改用麥麵裹牛羊豬肉，像人頭以祭，始稱「饅頭」。這種說法有許多疑點。用來包肉的白麵是否經過發酵？如果沒有，與真正的饅頭有著本質的不同，而經過發酵的麵又很難塑造成人頭的模樣。再有，諸葛亮的「饅頭」都扔到江裡去了，除了江魚之外，誰解其中味？

但是，它還是為我們提供了饅頭起源的線索，即饅頭起源於野蠻時代的人頭祭，爾後隨著歷史的發展逐漸演變成禽肉餡。到南宋時，豬肉饅頭很盛行。《燕翼貽謀錄》記載，仁宗皇帝誕生之日，真宗皇帝甚喜，宰臣稱賀，以「包子」賜群臣，裡面包的盡是珠寶。元代出現了類似後世開花饅頭的「煎花饅頭」。忽思慧《飲膳正要》記載：「煎花饅頭：羊肉、羊脂、羊尾子、蔥、陳皮各切細，依次入料鹽醬拌陷包饅頭，用胭脂染花。」由此可見，饅頭最初是包餡的，後來經歷了一個由包餡到實心的演變過程，至清代始有「實心饅頭」的記載，但北方謂無餡者為饅頭，有餡者為包子，而南方則稱有餡者為饅頭，無餡者也有稱做「大包子」的。《清稗類鈔》辨饅頭：「饅頭，一曰饅首，屑麵發酵，蒸熟隆起成圓形者。無餡，食時必以肴佐之。」「南方之所謂饅頭者，亦屑麵發酵蒸熟，隆起成圓形，然實為包子。包子者，宋已有之。」《鶴林玉露》曰：「有士人於京師買一妾，自言是蔡太師府包子廚中人。一日，令其作包子，辭以不能，曰：『妾乃包子廚中縷蔥絲者也。』蓋其中亦有餡，為各種肉，為菜，為果，味亦鹹甜各異，惟以之為點心，不視為常餐之飯。」但《清稗類鈔》又把有甜餡者稱「饅頭」。「山藥饅頭者，以山藥十兩去皮，粳米粉二合，白糖十兩，同入擂盆研和。以水濕手，捏成饅頭之坯，內包以豆沙或棗泥之餡，乃以水濕清潔之布，平鋪蒸籠，置饅頭於上而蒸之。至饅頭無粘氣時，則已熟透，即可食。」但不管怎麼說，饅頭出現後，提高了人們主食的質量，並由此派生出花捲、包子等食品。古老的饅頭蘊涵的全是文化的種子。世界上一切物質都會死去，都會消亡，惟有文化可以成為傳統，成為種子。

把諸葛亮與饅頭扯在一起，並不奇怪。中國人幹什麼大打「名人牌」。開肉鋪的要供奉樊噲，因為他原來是殺狗的，以後被劉邦封侯；豆腐店供奉的是劉安，他既是淮南王，又是漢室宗親。

相比而言，日本人在對待饅頭祖宗問題上，還是實在一些，在史書中認定本國奈良饅頭的始祖是中國元代的林淨因。林是在一三五〇年隨日本高僧龍山德見東渡日本，把中國饅頭的製作方法帶到了東瀛，頗受日本朝野歡迎。當時的天皇還曾賜宮女與林淨因為妻，並生下兩男一女。後來，林回國了，其妻子兒女都留在日本賣饅頭，還編輯出版了日本饅頭辭典《饅頭屋本節用集》。六百多年來，每年四月十九日，日本食品業界人士都要集會在奈良的林神社，隆重舉行朝拜饅頭始祖林淨因的儀式。

在日本婦孺皆知的林淨因，中國正史卻沒有隻言片語。

真正的饅頭，沒有花捲討人喜歡的外表，也沒有包子挑逗人的體香；沒有擁有的高度，卻佔據了深沉；沒有張揚的秉性，卻有積澱的深刻。

麵食花樣千變萬化，但出現在餐桌上頻率最高的要數饅頭。尤其是在我國北方地區，它是米飯之外的另一大主食。

在各種麵食中，饅頭較好地保存了麵粉中的營養成分。在麵食加工過程中，維生素B1最易受到損失，它怕鹼、怕熱，也容易隨水流失。在製作饅頭的過程中，經發酵產生的二氧化碳使麵團保持一定的酸度，保護了維生素B1；在發麵加鹼時只要不過量、揉均勻，就不會對維生素B1產生嚴重的破壞；蒸饅頭的時候，饅頭內部沒有受到高熱，也沒有被水浸泡，所以也不會造成營養素損失。如果我們用市售的鮮酵母或乾酵母來發麵，饅頭的味道比家常發麵方法更好，而且不需要加鹼。

那麼，饅頭與麵包比，哪一種營養價值高呢？從發酵的角度看，兩者並無區別，但從加熱的方法上來說，饅頭則更勝一籌。原來，饅頭只需蒸熟，表皮潔白滋潤；而麵包要在二百攝氏度左右的高溫下烘烤，表皮結成硬皮，形成漂亮的顏色和誘人的香氣，但這會損失部分賴氨酸。而賴氨酸是麵粉中最缺乏的必需氨基酸，也是限制麵粉營養價值的關鍵因素，損失在麵包皮中實在遺憾。但是，為了追求口感和香味，麵包中總是要加入雞蛋、牛奶等配料，所以，無論在口感上還是營養價值上，麵包都勝過饅頭。相比之下，饅頭的優點在於不含食品添加劑，味道清淡，可配菜肴，且能更好地保存麵粉中的營養成分。

這是現在科學研究得出的結論。古人不懂，現代大多數人大概也是門外漢。不過，只認一個理，饅頭好吃。蘇軾當年被謫貶到海南，因為有饅頭和荔枝吃，他的詩歌才華沒被銷蝕掉。他曾為吃饅頭賦詩一首：「天下風流筍餅餤，人間齊楚葷饅頭。事須莫與繆漢吃，送與麻田吳遠遊。」吳遠遊哪知道，與蘇軾吃了一頓饅頭，姓名都流傳下來了。

清代饅頭有名的，是揚州的小饅頭。《調鼎集》：「作饅頭如胡桃大，籠蒸熟用之，每箸可夾一雙，亦揚州物也。揚州發酵最佳，手捺之不盈半寸，放鬆乃高如杯碗。」《隨園食單》論「千層饅頭」：「楊參戎家製饅頭，其白如雪，揭之如有千層，金陵人不能也。其法揚州得半，常州、無錫亦得其半。」

現如今，真的很難比出各地饅頭的高低了。但可以肯定的是，不同地域的饅頭，與此地人的性格不分彼此。

我喜歡北方的饅頭，它雖然蓬鬆柔軟，但是裡邊有一股讓人不可忽視的韌性，也就是北方話中常說有「咬頭」，不像米飯嚼在嘴裡空落落的沒有依靠。我鍾愛北方饅頭還有一個很重要的原因，它酷似北方人的性格。在幾千年的儒家正道薰陶下，北方人性格寬厚溫和，但是在骨子裡還有北方氣候地理所形成的一種堅韌。

饅頭不像米飯那樣可以即蒸即食，蒸饅頭的過程不僅是一種繁瑣的體力勞動，簡直就是對操持家務能力的一種全面考驗。記得有個北方笑話：有個笨媳婦不會打算，和麵時水多了加麵，麵多了加水，最後和成了一大盆麵。於是做饅頭成了考驗每一個北方巧媳婦的基本功課，做的不多不少才能顯示出心靈手巧、勤儉持家的美德。

我發現我老家做的饅頭，和北方的基本相似。總能回想起小的時候，奶奶往一個大盜盆裡添麵加水，再小心的加上自己做的「老麵」（也就是酵母），水要加的恰到好處麵才不會調成糨糊，酵母放多則饅頭就會有一股酸味。那時的我常常瞪著小眼睛看奶奶那雙粗糙皴裂的老手在面盆裡揉來揉去，粗粗拉拉的大麵團上先是佈滿一枚枚粗大的指紋，但是在面板上反覆揉搓後，麵粉的韌性漸漸顯露出來，成為饅頭雛形的麵團也開始變得光潔，柔韌有力。現在回想起來，也許饅頭的魅力大概就在這裡，彷彿是人的一生，經過生活的摔打，在漫長的波折中也許損失了一些稜角，但是一種風雨過後笑看風捲雲舒的淡然堅韌卻在性格中浮現出來，彷彿是一塊玉石，經過千百年的摩挲把玩，內涵的那種潤澤之氣終於釋放出來，玉石也就成了一塊寶玉。

揉好的饅頭還要蓋上厚厚的被子，發酵一段時間後才可以下鍋蒸，蒸饅頭的時候一定要一氣呵成，絕對不能中途揭鍋。看見紅紅的火苗輕輕舔著灶口，風箱「呼呼——」吼著，揭鍋的一瞬，騰騰的蒸汽伴著濃郁的麥香一下子噴散出來，白氣散過，鍋裡就像變魔術一樣多了許多花朵似的大饅頭，表皮白白的，香氣鬱鬱的，不需要就菜就可以當點心來吃。

在崇尚美食的今天，作為點心的饅頭隨處可見。麻將饅頭、御膳饅頭、蛋黃饅頭、奶油饅頭、夾心饅頭等等，開始變了。為了變白，饅頭加入牛奶；為了調味，饅頭加了香草精；為了精緻好看，饅頭越來越小；作為甜點，饅頭配了煉乳。然而，品嚐後，總覺得它們「圖具其形而無其神」，喪失了我老家饅頭外柔內剛的精髓。真正的饅頭，沒有花捲討人喜歡的外表，也沒有包子挑逗人的體香；沒有擁有的高度，卻佔據了深沉；沒有張揚的秉性，卻有積澱的深刻。饅頭不是冒險家和時尚追逐者的首選。

最後一籠饅頭揭示，愛情之美，真的是像剛出籠的饅頭，柔軟溫馨幸福！

身為大眾美食的饅頭，已經不僅僅是填飽肚子、增強營養的糧食。有人還研究出「饅頭之道」和「蒸饅頭的愛情全過程」。我讀後，覺得很有意思。

研究者認為，麵是做饅頭的基本材料，饅頭的口味很大程度上也取決於麵的品質。就企業而言，麵是什麼？麵是企業的戰略、組織、制度、流程和人員。有了這些，企業就可以運作了，控制這些要素，企業可以在很大程度上左右運營的結果，所以很多企業管理者更關注精挑細選「麵」，戰略要合理、組織要高效、制度要完善、流程要順暢、人員要精幹。

可是，只有麵就能做成饅頭嗎？不行，還需要加水。

水是什麼？水者，清澈、透明、無形、無味。吃饅頭的時候不會想到水，也不會覺得水很美味，但是沒有水，面怎麼凝結？

「水」是企業的價值觀、溝通、合作、學習力、競爭力。沒有這些，麵再多，都不能做成饅頭。它們無形，但卻滲透在企業的每個角落；它們無味，但優秀的文化卻讓員工如沐春風，身心爽朗；它們無爭，但卻是企業獲得持久成功的金鑰匙。

企業管理者只有靜下心來，才能認真品味「饅頭之道」的真正含義。

「水多了加麵，麵多了加水」。這是對做饅頭技術不夠嫻熟的人的寫照。企業是不是也是這樣呢？創業之初，靠權威，靠利益，靠機遇，但管理混亂，沒有戰略，這是麵少了，於是要加強控制，要加「麵」。

企業做大了，規範了，但是發現活力不足，效率開始下降，人情開始冷漠，官僚主義抬頭，這是水少了，於是加「水」。

但是如果「水」多了呢？企業太「務虛」，大家都關注價值觀，關注人際，企業對外界的環境變化不敏感了，企業開始追求享受、內耗不斷、市場萎縮、利潤下降，「麵」又少了。

但是如果過多關注「麵」，企業會如何？無一例外地存在這樣的問題：有戰略，但執行不力，貫徹不了；有組織，但條塊分割，本位主義；有制度，但是聾子的耳朵，成為擺設；有流程，但責任推諉，效率低下；有人員，但人心渙散，貌合神離。企業看起來資源很多，人才濟濟，但是組織整體卻如同一遲暮老者，步履蹣跚。「麵」多而「水」少，無法做成「饅頭」。

看來，企業最高的境界應該是「水麵合一」，成竹於胸。

高明的管理者，會根據自己有多少麵，來加入多少水，不會陷入「麵多了加水，水多了加麵」的循環。

饅頭中的麵與水是渾然一體的，麵中有水，水中有麵。企業管理的有形與無形、務虛與務實、硬性與軟性，道理亦然。

說到愛情全過程，與蒸饅頭幾分相似。

女人是水，男人是麵，和在一起，就揉成韌性彈性親密性十足的麵團，這是一個麵溶於水而水滲於麵的物理過程，它是初級的，有若男女相擁抱的階段，這個階段是一個良好的出發點。事實就是這樣，如果水永遠是水，麵永遠是麵，那就不會發生故事，不會構成饅頭的形式。水麵結合，它們之間就會有一種酸性物質——酵母菌（荷爾蒙）擴張，世俗的人類把這叫做感情的培養。這一個階段自然是化學過程的。感情的發展對於溫床的需求，就會要求增加熱量，又進入第三個過程，亦即物理過程。

水麵揉合少不了搓揉。這種枯燥乏味的令男人們總是不耐煩的搓揉，卻恰恰是愛情的基礎，基礎的牢固性將決定著愛情的終生質量，「愛情大計，質量第一」，這是關鍵的第一步。麵確實揉好了，發酵是必然的。如果感情沒有發酵，麵跟水在一塊毫無激情，沒有粘性，相吻也不會激發對方好感，就是生命中沒有那一種酸酸的物質，水還是水，麵還是麵，這饅頭是一場失敗。自此知道，「化學的層次」是愛情的形而上層次。為什麼這個世界上有那麼多的人同床異夢？那不過是愛情完成了第一和第三的物理層次，中間缺少了一個化學層次，最後一把火是把麵蒸成了一個死麵團，而沒有做成饅頭。

物理的過程是可以量化的，而化學過程則十分微妙，它更多是一種感覺，一種源自於情緒的體量，要用生命的味道相融合，去啟動與壯大對方的每一個情感分子，糖化主義則是其中的一種主宰力量。為此，多少個饅頭製造者不幸栽了跟斗，因為情感的發酵過度，饅頭的結果就會發酸，而發酵稍顯不足，饅頭又不能徹底泡鬆，拿捏準這麼一個度數可以窮盡天底下的「饅頭大師」。

好的人生愛情，是這三個層次循環往復，直至終身——那最後一籠饅頭揭示，愛情之美，真的是像剛出籠的饅頭，柔軟溫馨幸福！

油條貴賤

油條對人的感動，從裏腹層面走出來，是一條細細的牽引，一次柔柔的撫慰，一雙纖纖素手的召喚。

有報導說，洋洋大觀的中國食譜中，最不中用的就數油條。恰恰相反，舉國上下，吃得最多的，同樣也是油條。

最不中用與油條的傳統制法裡加入明礬有關。明礬是個好東西，能使油條酥脆蓬鬆；明礬也有副作用，在炸作過程中會分解並殘留下一定量的鋁，過量的鋁是「致病因素」。這不是油條的過錯，過錯的是人。當麥當勞和肯得雞的炸薯條和炸雞翅異俗滲透到都市人生活時，我心裡懷念的仍是油條。

我國古代的油條叫做「寒具」。這個叫法很形象，讓人立即聯想到冬天垂在屋簷下的冰掛。冰掛是線性的，它的單純與清朗，充滿了人世間的兒女情長。油條也是。劉禹錫在一首關於「寒具」的詩中，這樣描寫油條的形狀和製作過程：「纖手搓來玉數尋，碧油煎出嫩黃深；夜來春睡無輕重，壓匾佳人纏臂金。」多美。油條對人的感動，從裏腹層面走出來，是一條細細的牽引，一次柔柔的撫慰，一雙纖纖素手的召喚。

在南北朝時《齊民要術》中已有記載油炸食品的製作方法。宋代有「油炸從食」。《清稗類鈔》載：「油炸檜：長可一尺，捶面使薄，以兩條絞之為一，如繩，以油炸之。其初則肖人形，上二手，下二足，略如X字，蓋宋人惡秦檜之誤國，故象形似誅之也。」說明油炸檜是源於南宋秦檜賣國，國人做成人形而炸之，故名。對這一說法，我並不懷疑。「油炸檜」在人格化的漢語中，一眼就能讀出「恨」意，這是順乎民心的精神勝利。

「油炸檜」，在清末才傳到北方，清末《南亭筆記》記載濟南早晨有童子賣油炸檜之事。民間還將油條稱之為「果子」。山東就有四批果子（又叫平條果子）、八批果子、糖果子等。湖北地區原先叫油條為「油果」，炸油果有兩個幫系，即府幫和黃陂幫，府幫習慣「單條」操作，黃陂幫則做「雙條」買賣，兩者各有所長。在一次飲食技術表演會上，府幫師傅一次用麵粉五公斤，炸出油條百根，一根不多，半根不少，色澤黃亮，鬆泡脆香，根根酥韌能豎起，長短粗細均勻，奪得冠軍。「單條」油果譽滿荊楚大地。

如今，油條已成為南北方共同稱呼的名稱；油條的確是中國最大眾化的平民食品之一。梁實秋先生在《雅舍菁華》裡談到油條說：「燒餅油條是我們中國人標準早餐之一，在北方不分省分、不分階級、不分老少，大概都歡喜食用。」梁實秋先生羈旅海外的時候，對家鄉土物念念不忘，對異鄉的火腿雞蛋牛油麵包絲毫不感興趣，心念的仍是家鄉的油條。當然，不只是梁實秋先生如此。有位華裔美籍的學人，每次到台灣來都要帶一、二百根油條回到美國去，存在冰櫥裡，逐日檢取一至兩根，放在烤箱或電鍋裡一烤，便覺得美不可言。宋楚瑜大陸之行，行至南京，早餐除了西式的果汁、煎蛋外，還有南京地道的平民化早點：煎餅包油條。他說，通過早餐中的油條，感受到南京老鄉的一片心意，並回憶起兒時在南京的美好時光。油條，在遊子心目中，是精神，不是感覺；是表現，不是描寫。

中國文化的包容性是很強大的。改革開放以後，從西方國家引進的東西不少，現在很多城市都有賣麥當勞、肯德基的店子，很多青年把吃這些當著了時尚。可是時尚歸時尚，時尚的東西在很大程度上敵不過傳統的東西，因為它並不適合大眾。油條作為中國傳統早餐中「四大金剛」之一，並不是麥當勞肯德基可以與之匹敵的，無論從價位上還是口味上，油條都比它們更適合中國人的胃口，油條可以算得上是「中國麥當勞」了。

永和大王的創始人林猷澳，抓住了中國人的這一特點，開起了油條連鎖店，在全國已有八十五家店，年營業收入達到了三億多元人民幣，這樣的事情，既出人意料，但又在情理之中。肯德基作為全球最大的速食連鎖公司之一，當然也看得出這些市場行情，在上海一家肯德基店裡，就把油條捲進「早餐捲」，在西洋速食店裡出現這樣的事情，也許算是奇事，但是出現在中國這樣的地方，也就不算是奇事了。而且，油條現在已經走出了國門，得到了許多外國佬的青睞，不像中國足球，老是在喊衝出亞洲，結果還在搞窩裡鬥，沒整出個什麼名堂來。

西班牙油條的製作技術，是在清朝時期由中國水手傳授過去的。當時，西班牙人吃到中國油條，嘖嘖稱讚，食時蘸咖啡、牛奶或豆漿，別有風味，爭相購買。以後，油條製作技術又由西班牙傳遍歐洲，再至南美等處。很多到西班牙旅遊的人，進早餐時向招待員說要「巧羅絲」（意思是油棒子），就會用剪刀剪給你。西班牙油條和中國的味道差不多，只是比中國油條長得多，約有兩丈多長，像一大堆團團捲起的繩子。出售時由招待員剪成段。既然是學的中國製法，為何做得這麼長呢？原來西班牙人炸油條時，無論如何也不會使用兩根炸油條的長筷子，怎麼辦呢？他們就特製了一種金屬叉。可問題又來了，中國的竹製筷子遇冷遇熱變化不大，而金屬叉遇熱特別是高溫，膨脹非常厲害，出鍋的油條總是和叉子「情意綿綿」，要使它們分離就需要時間。持叉的、開條的，總是被熱油、燙叉將手或臉燙出水泡。料理水泡耽誤時間，排隊購買者越聚越多。於是，西班牙人就乾脆來個三人合作：一人做油條，一人下鍋炸，一人打捲，做出舉世無雙的兩丈多長的油條，確切地說是「西班牙油繩」。

我們自由的靈魂充滿了孤獨的美。不能瞧不起我們經歷的這些吃油條的日子，它們平平淡淡，靜無聲息，但它們組成了我們的生命。

我們時常回望經歷過的一個又一個日子，總覺得它們與油條有千絲萬縷的關聯。我們所有的觀念、信仰、性格就是在吃油條的日子裡積貯起來的。我們自由的靈魂充滿了孤獨的美。不能瞧不起我們經歷的這些吃油條的日子，它們平平淡淡，靜無聲息，但它們組成了我們的生命。在我們的個體生命裡，會有憂鬱、迷惘的時候。那恰恰是我們的心靈在接近一種真，也只有這樣，我們才能去體驗青春的全部內涵。我們需要的就是在這時，像培養一株小苗一樣去培養剛剛萌動的生命的嫩芽。因為，我們肉體裡藏有火球一樣的生命，我們怎麼阻擋得住這火球在滾動呢？

我到廣東、海南出差，找了無數家早餐店，就是不見油條身影，彼時，我憂鬱，我迷惘。我還在追問。炸油條的油多是反覆使用，容易產生一種致癌的物質；而一些不法商販，竟然使用「地溝油」……油條銷聲匿跡了。

我堅信油條不會消失。我把那時產生的情緒，只當成生命過程中的一種狀態。現代廚師也是把油條暫時離開人們的視線作為一種狀態。他們去偽存真，用麵粉、泡打粉（發粉）、食粉、雞蛋等原料共同創造了油條新製法，成品具有色澤金黃、外酥內軟、鬆泡膨大、柔韌有勁的特點。油條又鮮活了。與我們相伴千年的油條不會消失，而是我們跟著它走。一直走到一個星光點點的果園。我們停下來採摘就是了。

所以，我在雲南會澤縣親眼見識了「油條炸成圈圈賣」；我在北方見到油條稱斤論兩，不計根數！

所以，我常常記起自己與油條的相關細節。

我的老家在農村。那時最盼望的零食，就是油條，幾年難得吃上一回，雖然村合作社的門口有一對夫婦，整天支爐架鍋在炸。那油條，不用說吃到嘴裡咂咂香脆，就是看著它在油鍋中上滾下翻、金黃燦爛，也能饞死我們一大片。那時，我就經常在不近不遠處，看人家炸油條。走太近，怕小夥伴羞饞；太遠，卻聞不到那香味了。油鍋裡的油條真是好，而我們小學裡的副校長口中的「油條」，卻「老」得讓我反胃。

副校長精瘦，每星期一早上的例會和每學期的開學、閉學大會，都是他開鍋炸「油條」的大好時光。會上，先是批評某某同學，「上課時假裝出來小便，其實是四處亂跑」。從此說開去，越批評越激動，就像油鍋裡的油條開始膨脹開來。最後，副校長總會非常生氣地警告：「這些同學就自以為是老油條！我告訴你，油條如果老了，就沒有人要！」

副校長警醒讓我坐下來思索後獲得了力量，這力量很神奇，也很神秘。信心在一瞬間就有了。我慶幸我沒有成為「老油條」。我吃著油條，目光跟隨著老師的目光從山裡望向山外。山外是一個更精彩的世界，那裡有更多的油條以及油條以外更多我不知道的東西。

十八歲在南京讀書的時候，我就經常和油條打交道。校外有一位小商販，總會在午休和晚上熄燈前閃進宿舍區，兜售油條。那年頭，正好趕上通貨膨脹，油條的價錢成倍地翻，一根先是五分，後漲一毛，再後來就得要兩毛了。漲價後的前一二天，小商販都會把油條炸得比以前大一倍，讓人看起來並不吃虧。到後來就一天天縮小，幾天後又瘦成老樣了。我們就說風涼話：「如今這世道怪得很，豆芽長油條短。」他嘿嘿地傻笑，細眼睛閃爍地是精明的光芒。

好在有時小商販的油條也會變老賣不出去。聰明的小商販在他認為恰當的時候，會開始甩價賤賣油條。這時的老油條，就非常討我喜歡了。我知道，其實油條變老，不是因為它自身質地不好，只是賣的人沒能及時地把它推銷出去。畢業後，我常常用這個比喻勸說學弟和學妹。

工作後，我就很少吃油條了。一來人長大了，吃零食的慾望不像小孩子那麼強烈，二來有聽小道消息說，吃多了油炸食品，會讓人變成傻瓜。我一直禁止不讓自己的小孩吃油條，可孩子就像當年的我，對油條情有獨鍾。慢慢地，我也不能完全禁止得了。偶爾妻子也會買來油條當作家庭的早餐。我獨佔一根，妻子女兒各分半根。對此，女兒總是很有成見。

吃著吃著，我又找到了那種美妙的感覺。妻子問我說，你不怕變成傻瓜？我想，每天早上都能和自己的家人，美美地吃著油條，配上熱騰騰的豆漿，再一起慢慢地變老變傻，也是一種幸福人生！而且我吃的是一整根，她們才吃半條，肯定是我先變老變傻的。那時的我，如赤子般地懵懵懂懂，什麼事都不用操心，以至還要讓妻子牽著手過馬路，不也是很好的結局麼？

小吃鋪裡炸油條的老婆婆說：「這就是油條的貴賤！」

麵條雅俗

麵條延續著溫飽，麵條不斷，溫飽不斷。麵條把遠古的陽光帶到我們身旁。

麵條，是一枝燦爛而實在的花朵，開在世人心中。是人們揮之不去的聖潔的崇拜，和大米、麵粉等一起，構成了亙古至今的飲食文化。

從誕生之日起，麵條便解說著溫飽的含義。溫飽是件樸素的物質，麵條是物質的內核。麵條延續著溫飽，麵條不斷，溫飽不斷。麵條把遠古的陽光帶到我們身旁。

在遠古陽光照耀下，麵條應運而生。東漢劉熙《釋名》「餅」中，已提及「蒸餅、湯餅、蠍餅、髓餅、金餅、索餅」等餅類，按其「隨形而命之」的說法，「索餅」有可能是在「湯餅」基礎上發展成的早期的麵條。「湯餅」實際是一種「片兒湯」，製作時一手托麵團，一手往湯鍋裡撕片。單純從文字記載而言，麵條在東漢時已有了。

東漢的「撕片」，不僅僅是東漢的麵條，我還理解為鬆動、甦醒的意思。鬆動，蘊藏著變化；甦醒，充盈著智慧。

到北魏時，湯餅不再用手托，而是用案板、杖、刀等工具，將麵團擀薄後再切成細條，這就是最早的麵條。〈餅賦〉中描述下湯餅的情景：「於是火盛湯湧，猛氣蒸作，振衣振裳。握搦拊搏，面彌離於指端，手縈迴而交錯，紛紛駁駁，星分雹落。」束稱湯餅「弱如春綿，白若秋練」。後庚闡〈惡餅賦〉有「王孫駭歎於曳緒，束子賦弱於春綿」之句，傅玄有「乃有三牲之和羹，蕤賓之時麵。忽游水而長引，進飛羽之薄衍，細如蜀繭之緒，靡如魯縞之線」之說。細如蜀繭之緒，靡如曾縞之線，實在已經很細了。從「片」到「絲」，只一小步伐，但改變了歷史。

唐代湯餅，「舊未就刀鉆時，皆掌托烹之。刀鉆既具，乃云『不托』，言不以掌托也」。其品種，在唐時，多了一種「冷淘」。杜甫〈槐葉冷淘〉詩：「青青高槐葉，採綴付中櫥。……經齒冷於雪，勸人投此珠。」《唐六典・光祿寺》：「冬月量造湯餅及黍，夏月冷淘、粉粥。」《太平廣記》三十九《神仙傳・劉晏》引《逸史》：「時春初，風景和暖，冷淘一盤，香菜茵陳之類，甚為芳潔。」後人考「冷淘」即「過水涼麵」。清潘榮陛《帝京歲時記勝・夏至》：「京師於是日家家俱食冷淘麵，即俗說過水麵是也。」「冷淘」，很內斂，很純粹。吃冷淘麵，一往無礙地可解可惑，真如澹澹綠水了。

宋代，麵條正式稱做麵條。《東京夢華錄》記汴京的麵條，有四川風味的「插肉麵」、「火燠麵」，南方風味的「桐皮熟膾麵」。《夢粱錄》記南宋麵食名件，有「獵羊生麵」、「絲雞麵」、「三鮮麵」、「魚桐皮麵」、「鹽煎麵」、「筍潑肉麵」、「炒雞麵」、「大熬麵」、「子料澆蝦麵」、「銀絲冷淘」。《武林舊事》中又記有「大片鋪羊麵」、「炒鱔魚麵」、「捲魚麵」、「筍辣麵」、「筍菜淘麵」等。無論哪一種形式的麵條，都表達著凝煉或繁複的心語。

人們又把切好的麵條掛起來晾乾，便於保存和隨時食用。於是最早的掛麵便誕生了。《齊民要術》中記載：「剛溲麵，揉令熟。大作劑，餅，粗細如小指大，重縈於麵中。更，如粗箸大，截斷，切作方棋。簸去勃，甑裡蒸之。氣餾勃盡，下著陰地淨席上，薄攤令冷。散，勿令相粘，袋盛舉置。須即湯煮，別作澆，堅而不泥。」這種棋子麵，形狀像方棋那樣，蒸熟陰乾之後，鋪在陰地淨席上，然後再裝在口袋裡久藏，臨吃的時候取出來，放進沸水裡煮一煮，澆肉汁拌和，吃起來韌而不爛。這「棋子麵」幾是最早的掛麵。掛麵掛麵，幾許悠長，幾分靜謐，和著手指流暢的節律，消融在牽掛裡。

中義兩國的文化交流源遠流長，有馬可波羅等許多動人的故事，但也有許多友好的「爭議」。例如麵條，有人說麵條來自中國，是馬可波羅傳到義大利來的；但也有人說，義大利麵條歷史悠久，它最早出現在義大利南方，如今義大利麵條品種和花樣極多，有長的、短的、空心的等等。中國麵條是軟粒小麥麵所製，一煮就爛糊；而義大利麵條則是硬粒小麥麵所製，很難煮爛。中國人習慣吃軟麵條，而義大利人則愛吃耐嚼的硬麵條。所以當中國人到義大利要吃義大利麵條時，總要叮囑多煮些時間；而義大利人到中國要吃麵條時，往往是看著那些「麵糊糊」發愁。

義大利人是該發愁。作為本國象徵的義大利麵條，被中國的地質考察發現而失去了「發明權」。在黃河上游、青海省民和縣喇家村一處河漫灘沉積物地下三米處，發現了一個倒扣的碗。碗中裝有黃色的麵條狀物質，最長的有五十釐米。研究人員通過分析該物質的成分，斷定這碗「麵條」已經有約四千年歷史，比人們以前推測的麵條產生時間早一千年，也比歐洲歷史上對麵條這種食品的記載早了許多年。又通過分析當地的植物化石和矽土，斷定這種麵條是用當時中國西北種植的兩種稷做成的，是直接將麵團扯成條狀的。我們感謝歷史。歷史以其特有的震撼力，穿透了人們的魂魄，不信也得信：中國首先發明了麵條！

中國麵條在四千年以前就入世了，像一片茶葉，投入了沸騰的生活，它肯定能顯示生命的顏色。

結婚添丁吃喜麵，俗成了最美麗的風景，雅流連在風景裡，卻不知道，自己也成了風景中的風景。

麵條的雅俗，本是融合之物。麵條的雅不避麵條的俗，使雅可親可近；雅以俗為樂，以雅入俗，為俗世添了情趣。

生日吃麵條，就是雅俗相宜一個例證。

漢武帝有一回過生日，御廚師想出新花樣，絞盡腦汁，做了一桌麵條，每人一碗請大家吃。漢武帝好生不悅，心想：我貴為天子，做生日怎麼就吃這麼不值錢的麵條賀壽吶？他一不高興，臉就拉得老長老長。御廚師一見，嚇得臉都青了，不知如何是好。漢武帝身邊有個智囊，叫東方朔，見漢武帝龍顏不悅，又可憐御廚師處境不妙，靈機一動，就笑著對漢武帝作了一個揖，高叫：「恭喜萬歲，賀喜萬歲！」漢武帝把筷子一頓，瞪了他一眼，氣呼呼地說：「有什麼可喜可賀的？」

東方朔不慌不忙地說：「萬歲有所不知，上古時代的壽星彭祖所以能活到八百歲，就是因為他的臉面長呀！萬歲請看這碗裡的麵，又細又長，比彭祖的臉面不知要長多少倍哩！今日御廚師以麵條為萬歲賀壽，其意就是在祝福萬歲要比彭祖還長壽、萬壽無疆啊！」

漢武帝聽慣了奉承話，經東方朔這麼一說，當即回嗔作喜，捧起麵條就吃，還對大家說：「好吃好吃，眾卿快吃長壽麵呀，吃了大家都長壽！」這麼著，那麵條經東方朔的巧舌一轉，頓時就成為一種長壽的象徵。後來，百官過生日也都吃麵條。這習俗又從官府傳到民間，逐漸成為一種相沿後世的習俗了。

結婚添丁吃喜麵，俗成了最美麗的風景，雅流連在風景裡，卻不知道，自己也成了風景中的風景。

結婚當天，新娘在精心裝飾自己時，美從心裡跑到每一件飾物上；新郎在細緻地審視新娘時，美從每一件飾物上跑到心裡。因為美，女家備了一份「子孫餑餑長壽麵」，用食盒裝好，隨著花轎送到男家。入洞房。飲交杯酒。煮好的「子孫餑餑長壽麵」，由兩位「全福太太」各端一碗，一位餵新娘，一位餵新郎。窗外的人就會問新郎「生不生」？新郎立即答道：「生，生，生。」老規矩「子孫餑餑長壽麵」不煮熟，借「生熟」之「生」為「生育」之「生」，預祝新娘早生貴子。過了新婚之夜，新娘就是女人了。女人為新家添丁進口，要向親友家報喜信，分送「喜麵」。小孩滿月喝滿月酒，還是吃麵。喜事不斷，喜麵常吃，延年年益壽，麵條雅俗就深深烙進我們的記憶中，化成了我們的血和肉。

麵條是麵粉做的。麵粉和水，揣揣揉揉，切切拉拉，搓搓弄弄，長的是麵條，圓的是餅，再變換手法，生出了太極、兩儀，演繹了四象和八卦。一樣的麵條，粗的有「帶子條兒」，細的有「一窩絲」，中型的有「簾子棍額兒」；加上配料，就製成「菠菜麵」、「雞蛋麵」、「魚麵」等等。

吃陝西麵條不講斯文。麵館一座，耳鼓撞擊的是食客呼嚕呼嚕地吃麵條聲，覺得又好笑又焦急。拉住服務員，問那位姣好姑娘吃的是什麼麵？答曰：油潑麵。於是激動地一邊嘸口水，一邊等著自己那碗。

油潑麵做法很簡單：把麵拉成又寬又扁的帶狀，澆上蒜末、辣椒末、香菜等諸般調料，再用滾燙的熱油一潑即成。看起來就一大碗寬寬的麵條，裡面夾雜著幾根青菜、一把蔥末和一勺辣椒，簡單得不能再簡單，這就是讓很多人提起來就流口水的油潑麵。

學著別人的樣子，倒了點醋，把麵條、蔥花和辣椒充分攪拌均勻，夾起一筷子麵送到嘴裡。第一口感覺香香的，其他很平常；吃了第二口，麵條很筋道，有點嚼頭；第三口，辣椒似乎也不錯，不多不少，又很夠味；接著，就顧不得細品了，跟我剛才嘲笑的不夠斯文的那個女孩子一樣，一不小心，這碗麵，也被呼嚕光了。

洛陽漿麵條是洛陽獨有的風味小吃。通俗地說，漿麵條是煮完麵條剩下的湯，但此湯漿，裡面有些芹菜、豆芽、花生米，麵條沒有多少，吃起來酸酸的。而漿又分綠豆漿和黑豆漿兩種，其中綠豆漿最佳。乳白色為上乘。「剩漿麵條兒」是漿飯中的上品，民諺云：「漿飯熱三遍，拿肉都不換。」可見其魅力。

河南人喜歡吃它，像北京人喜歡喝豆腐腦，老少皆宜，而外地人難以接受這樣的味道，嫌它太土氣。

其實，土氣的洛陽漿麵條透著倔強勁，古樸，厚重。洛陽漿麵條是大食品，是大家，有伊洛文化風骨。這是外觀上給我的感覺。吃了一口，更掂量它深厚的內功，洛陽漿麵條是大師。

貴州綏陽，有輝煌的詩歌文化，深厚的歷史積澱，被命名為「詩鄉」。綏陽空心麵條，纖細、軟綿而有勁，入鍋久煮不爛，味美。因麵條是空心的，所以叫做空心麵。早在五百多年前元朝就遠近聞名，並作為「貢品」，每年向皇室供奉，一直沿襲到清代。因此，又稱為「貢麵」。

綏陽麵條是用上等麵粉加上適量的油、鹽同時放入專門用來和麵的大木盆裡拌和，揉成細條，兩頭穿一小棍，貯放數小時，待油鹽充分滲透後，掛於兩丈高的木架上，用雙手慢慢下拉，拉到一定長度時，面絲形成空心，再讓其自然下墜、日曬，乾後取兩端為掛麵；中間細頭像頭髮絲似的一段空心，取下切齊包裝即為空心麵。綏陽空心麵的吃法，與一般乾麵條不同，煮時，要比一般乾麵條多放一倍水，取一小把煮一大碗，而且煮熟後不需要再放油鹽等佐料。不過，若能佐以雞湯或其他調味品，味道則更鮮美。

空心麵讓人心空。心空，靈魂被照徹，陽光打再臉上。「打」字裡頭有詩意。

北方麵條被稱為是麵食中的「民間隱士」。按照其內涵和本質，北方麵條可分為蘭州拉麵、炒麵、涼湯麵、刀削麵、手擀麵等等幾大種。

北方炒麵它不是那種有湯的，而是煮好之後，經過高超師傅之手，再加了一道「炒」的工序，上面灑一層蔥花、香菜，麵條裡已炒進了些肉、白菜。炒麵柔軟適中，猶春天黑土地上似有似無的嫩綠。它是味美的。

北方涼湯麵是南方人萬萬不敢動的食物：煮好後，師傅就會把麵條在清涼涼的清水裡過一遍。吃時，那種溫潤、勁道，真是讓人如坐春風。口重的人就調進一大勺辣椒油，上下一攪，直吃得你涼中生熱，熱中有涼，人間冷暖，一齊吃了個透！

在北方，人們更喜歡在吃麵條的時候來兩瓣生蒜——代替了西北的辣子。西北人和東北人坐在一起，用各自的方式，把一碗麵吃得風生水起、威風八面！這時刻，大蒜就麵的北方人或者辣子就麵的西北人，是最有氣勢的人。也說不定是最有想像力的人：在滿張的弩弓上，信心猶如緊繃的弦，集聚著力量，思想的箭呼嘯射出！

在我生活的都市街頭，經常看到這樣的風景——吃麵條的和做麵條的。一口大鍋支在街邊，冒出騰騰熱氣。一條壯漢，離大鍋一丈開外的距離站定，單手高托著一塊和得特別夠勁兒的麵團，眼睛微瞇，嘴裡輕輕地吹著氣，另一隻手握了把特製的刀，在空中優美地劃一道弧線之後，只見麵片雪片一樣飛起來，全部準確地落入鍋中。

等麵的和已經端起碗吃麵的人，都圍在四周，眼露賊光，不知是被饞的，還是被眼前的技藝驚嚇住了。那種氛圍，常常讓我覺得國人的那種樸實、厚道，是多麼讓人溫暖和留戀。

我想起費孝通先生早年的一本著作中叫《鄉土中國》。吃麵的中國，才是鄉土的中國，才是日出而作、日落而息的中國！而就在這個檔口的旁邊，很可能就是來自蘭州的拉麵師傅，他對這位刀削麵師傅不服氣，立即摑一團麵，舞動起來，那麵圍著他上下翻飛，左右穿插，如銀龍纏身。周圍的人還沒有叫出好來的時候，剛才還是一根小棒棒一樣的麵團，已經如瀑布一樣了，轉瞬間，師傅的兩隻手神奇地一倒一倒，那飛瀑就被截成了幾截，「刷刷」直飛進鍋中……

這一切是如此之美。這些偉大的民間藝人，他們把日常生活提高到了藝術的層次上。可是，我們卻經常對他們的勞動熟視無睹，在寫文明史的時候，根本就沒有人會想起這些民間大師們。好在這些民間大師們心胸博大，在麵條雅俗之間，用愛點燃一盞輝煌的燈，和藝術一起前行！

粥食尋味

究竟是我們厚重的文化氣息孕育了粥，還是粥在滋養國人身體的同時也滋養了中華的文化？嫋嫋粥香中所透露的寧馨和溫情，粥中淡而綿長的滋味，都是最能撫慰人心的。

不論男女老少，不論春夏秋冬，不論體質如何，從來不需要想起，永遠也不會忘記，粥與國人的關係，正像粥本身一樣，稠粘綿密，相濡以沫。

粥作為一種傳統食品，在國人心中的地位，超過了世界上任何一個民族。

粥，又稱為「糜」，是我國飲食文化的精粹之一，是獨有歷史地理人文環境中的特定產物。早在六七千年前，祖先就開始以粥充饑，「黃帝始烹穀為粥。」從古人開化之初，粥已經有了自己最原初的文化形態。

粥，是中國社會一種極為普遍的現象，曾是權勢的代表。帝王將相，達官貴人食粥以調劑胃口，延年養生。唐穆宗時，白居易因才華出眾，得到皇帝御賜的「防風粥」，食七日後仍覺口齒餘香，這在當時是一種難得的榮耀。宋元時期的每年十二月八日，宮中照例會賜粥予百官，粥的花色越多，代表其所受恩寵越浩大。到了清朝，雍和宮中仍有定點熬製臘八粥的慣例。

粥也是宗教裡虔誠的供品和僧侶們的日常食品。平日裡，僧侶吃粥還要以鼓聲為號，「魂清骨冷不成眠，微曉跏趺聽粥鼓」，就描述了寒冬晨曉時分的粥鼓聲聲。

粥也曾是窮苦人家的家常便飯，「日典春衣非為酒，家貧食粥已多時。」古代的物質生活條件遠遠不如現在，在自然災害和兵荒馬亂的年頭，縱然人們想要吃上一碗粥，也是一種奢望。

粥還能體現人間至情至義。唐朝的李勣，曾經參加過瓦崗寨起義，後來隨李世民四處征討。李世民得了江山，封李勣為英國公。李勣為人，除了不驕不傲之外，還慷慨好施，事親至孝。他年老辭官在家，姊姊得了病，他天天親自端茶餵藥。有一天他姊姊說吃粥，他便生火熬粥。大半生從沒做過廚師之事，僅木柴生火，就讓他手忙腳亂，把鬍鬚也燒了。姊姊心痛地勸他以後不要自己去煮粥了。他卻說，他已經是日暮黃昏的人，能親自為姊姊熬粥的日子還有幾天？後人為了感念他，便以「煮粥焚鬚」這四個字，形容手足情深。

煮粥也有作弊的。東晉時代，洛陽有兩個非常富有的人，一個叫石崇，一個叫王愷，一天到晚鬥富，從身上穿的，到屋裡擺設的，全都拿來相比，看誰的貴重。可是，有一樣王愷老是輸給石崇，就是每次比誰家能在最短時間內熬出一鍋豆粥，石崇總是搶了頭功。王愷不服氣，派人暗中查探，才發現原來石崇家是預先把豆子磨碎成粉，到了比賽時，便用粥加豆粉沖泡即成。這倒有點像現在的速成即食粥。如果那時石崇能夠發明出來，財富一定比王愷多出萬倍，不必再比了。

粥作為藥膳食療佳品，推進了醫食同療的發展歷程。據統計，文字記載中的藥粥方已逾千種。古代名粥甚多。像唐代的「桂花鮮栗羹」，用西湖藕粉配糖炒板栗片，再加桂花白糖；宋代的「道場羹」，粥中加肉脯、青菜、鮮筍和麵條；明代的「七寶羹」，果仁、蜜餞配精白糯米；清代的「艇仔粥」，又是將蝦仁、魷魚、海蜇皮、魚片、油條、蔥薑、花生切碎，淋麻油和醬油，再以沸滾的米粥沖食。最興旺時，珠江上曾有過五百多艘粥艇，成為羊城一大景觀。兩廣一帶，還有一種「雞粥」，是在雞湯中下雞茸、細米粉、火腿屑和松子肉煮爛，起鍋澆雞油，撒蔥薑，味道極鮮。粥的美味和營養，歷來為文人們傳頌不已。蘇東坡在大啖了豆漿中摻入無錫貢米熬煮的粥後，揮毫寫下了「身心顛倒不自知，更知人間有真味」的詩句，將粥的真味留芳青史。陸游也大力推崇食粥養生，「世人個個學長年，不司長年在目前。我得宛丘平易法，只將食粥致神仙」。曹雪芹更是一位食粥大家，其大作《紅樓夢》中寫到粥的回目有六七個之多，他的祖父曹寅對粥也頗有深究，欣然編著了《粥品》一書。

粥裡有悠久而深厚的文化氣息，我們已無法分清他們的關係。究竟是我們厚重的文化氣息孕育了粥，還是粥在滋養國人身體的同時也滋養了中華的文化？嫋嫋粥香中所透露的寧馨和溫情，粥中淡而綿長的滋味，都是最能撫慰人心的。

幾千年來，中國的歷史蜿蜒曲折，世世代代的人們在歷史洪流中跌宕起伏前行，從原始時期的衣難覆體，茹毛飲血，到後來的清粥小菜，聊以糊口，再到如今千姿百態的粥文化，那些人間世事，悲歡離合，俱融入了這一直在尋常百姓家沸騰輾轉的滾粥中，或百感交集，或淡泊透澈，蘊出陣陣清淡逸香，滋味橫陳。

如今，粥已不再是戰爭時代的奢侈品，也不再是災荒年間的救命稻草；有時，一碗粥，不過是父母戀戀不忘的關切，不過是子女拳拳的赤子之心，不過是君子之交的平和內斂，亦不過是夫妻之間的相濡以沫。與溫飽無關後，粥在意識形態上有了更為實在的意義。

古人云：大音希聲，大象無形。大味亦必淡。如同奢華之後的簡樸，如同在行色匆匆的鋼鐵森林中追尋綠色，富裕之後仍然喝粥，在閱遍珍饈美味後，渴求一碗再平常不過的粥，也是人們從生活的絢爛中回歸澹泊的一種感悟，是人生境界的另一種返璞歸真。

粥如其人。南方粥猶南方女子，溫婉細緻，光彩在瑟瑟顫動中熠熠閃爍；北方粥像北方漢子，豪放大氣，滋味在目光環視裡震盪了心靈。

飲食習慣的差異，是由文化內涵決定的；文化內涵的特色，歸根結柢是人本性情的不同造成。如同南方粥和北方粥。

南方粥綿軟細膩，花色繁多，凡是能作菜的物品都可以入粥。小火漫漫熬製得翻滾沸騰，香氣四溢，用青花小瓷碗盛了，配以清淡的小菜，再一點點細啜下去，是一種婉約到了極致的風情。在廣州、潮州、福州等沿海地區，粥甚至堪為主食；尤其在廣東，一直以來，粥都是南粵極具特色的傳統美食，因著海鮮之利，其豐富和鮮美是別處難以比擬的。

南方下粥的小菜也漸漸豐盛，有葷有素，如四川的全粥店，融合了川菜和地方小吃，菜品竟有上百種之多。各式各樣的粥和菜搭配，互為襯托，已是一場營養美味並色彩斑斕的盛宴。

北方粥則略顯粗放，多用五穀雜糧，熬煮的過程也稍嫌簡單。盛粥的常是厚重結實的大碗公。但在桔黃色燈影裡，一家人圍在炕上大口大口地喝粥吃餅，最能聞著人情味：是幸福和幸福的沉香之味；是愛和被愛的硯墨之味；也是榮華了一年又一年的節律音韻文采的鮮活之味。

粥如其人。南方粥猶南方女子，溫婉細緻，光彩在瑟瑟顫動中熠熠閃爍；北方粥像北方漢子，豪放大氣，滋味在目光環視裡震盪了心靈。

如今，粥的品種和檔次也今非昔比：及第粥、八寶粥、養顏粥、淡粥、甜粥、鹹粥、參鮑燕翅極品粥等等，從南方的明火生滾粥，到北方的五穀雜糧粥，冬天的山楂蓮子粥，夏日的冰糖雪梨粥，已經形成了若干「粥系」。在心靈最微妙的地方，它使我們找到了的皈依，是我們一次次奔赴的精神家園。

然而，在中國文化千百年的不斷融合與同化中，粥文化和口味也在不斷交融、彼此影響，最終形成了南、北粥各有特色卻又不乏同一的現狀：營養和美觀，開始成為粥最為重要的元素。

在古語中，粥也通「育」，「初俊羔助厥母粥。俊也者大也，粥也者養也。」《後漢書》有「昨得公孫豆粥，饑寒俱解」。這不似酒，否則會說「一夜酒醉，數日乃醒」，誤事傷身。好粥需要好料，「巧婦難為無米之粥」。五穀雜糧，哪樣都要「汗滴禾下土」才能獲得，勞作之後吃起來會更香甜。古人能安於「一粥一飯」的到底也不多，今人則更無一顆「粥心」了。跑了一天，口乾舌燥，吃粥解渴，腦子還琢磨著白天的「蛸務」，故也應了「人莫不食也，鮮知其味也」之語。

難得熬粥。午睡起遲，將蓮子、百荷、枸杞、桂圓、大棗、紅豆、麥米諸物，搭配齊當，一一淨洗，緩緩煮來。半臥床頭，披卷而覽，時有粥香入鼻，誘胃蠕動。不久，開鍋盛碗，熱乎乎地細嚼慢嚥，汗淋淋地開懷暢吃，直至肚滿意愜，腰也不能彎下。更無他事，就踱步社區花園，聽小鳥歸巢的瑟聒，一種久違的喜悅就會從心底升起，讓人想起一隊與駝鈴為伴的跋涉者，輕霧般黃沙籠罩整個畫面，既壯觀又平和。也許生命的過程就是這樣，生命的歸宿又是那樣，總有好些明媚陽光在寂寞的日子裡流淌，讓人歡喜讓人憂，然而，誰會說生命不是最寶貴的呢，只要生命沒有終止，平凡也是一種美麗。偶爾，看見沉暮裡有情侶偎依，呢喃著慢走，幾分羡慕，幾分親切，似曾相識。於是，一種平淡了許久的甜蜜，便帶著懷舊的深幽，無法控制地唇間綻開。這樣的微笑長久不肯褪去，便銜著一寸欣慰，踏著迤邐小徑，散散地歸來……

而今，粥又有了新吃法：粥底火鍋，始於南方，北方也逐漸盛行。以粥為鍋底，包容眾多其他食物，有涮鍋的樂趣，也不乏喝粥的暢快；又因為是一次性的鍋底，也沒有喝火鍋湯那麼多忌諱，確實別有滋味。在廣東佛山，還有一種沙鍋粥，多用新鮮蔬果和山珍海味入粥，兼取沙鍋的本味，鮮美之致；中山特有的蟾蜍粥，雖聽來嚇人，卻也是營養豐富的人間美味。

紛擾的現代生活節奏，已將閒適淡遠的情懷拋得很遠了，奔忙之後，最好的莫過於中式速食，或者漢堡包加可口可樂，再差也得大碗牛肉麵加一瓶啤酒，有幾個想到吃粥的？雖說吃粥能順氣去火，然而賣粥終究獲利不多。「人可以食，鮮可以飽」，人的慾望，終歸難填。但我總以為，「粥心」，似乎在一定程度和角度上也反映了傳統精神，這確也把粥提到了極高的位置；當然，或許不如拿牛來作比喻，更顯得有民族氣節，因為牛有股強勁，更吃苦耐勞。但粥也有類似的優越，不華美但含蓄可人，不高貴但實惠養人，其德也溫文爾雅，合轍於沖淡無為。請看一位作家對喝粥的描述：「我驚奇地注意到碗裡的粥，米粒爛開了，成為絮狀，粥與水幾乎不分。我先嚐了一口，奇異更甚。淡淡的清甜，初始感覺不到粥粒的存在，未等下嚥，粥突然自己滑了進去，然後就一下子沒了。於是連吃幾口，果然不一般。我把粥裡的配料翻出來看看——只見有豬肝、粉腸、豬肚、豬腰、肉丸、蔥花、薑絲等，光從表面看是看不出什麼奇怪之處的，當我喝下去的時候，便覺得直透七竅，再細嚼幾口，滿嘴暗香縈繞……」

如果說文人喜歡誇張，對於粥的描述免不了多一些溢美之詞，那麼，再讀一讀這首〈南粵粥療歌〉，就知道平民對粥的樸實詮釋——「若要不失眠，煮粥加白蓮；要想皮膚好，米粥煮紅棗；氣短體虛弱，煮粥加山藥；治理血小板，花生衣煮粥；心虛氣不足，桂圓煨米粥；要治口臭症，荔枝能除根；清退高熱症，煮粥加蘆根；血壓高頭暈，胡蘿蔔粥靈；要保肝功好，枸杞煮粥妙；口渴心煩躁，粥加獼猴桃；防治腳氣病，米糖煮粥飲；腸胃緩瀉症，胡桃米粥燉；頭昏多汗症，煮粥加薏仁；便秘補中氣，藕粥很相宜；夏令防中暑，荷葉同粥煮；若要雙目明，粥中加旱芹。」還有一例，說得人沒有一點脾氣：聯合國規定的長壽地區標準是每百萬人口中有百歲老人七十五位，而在江蘇如皋市的一百四十五萬人口中，百歲老人已達一百七十二位，九十歲以上的老人更超過四千人！專家認為，這與如皋地區「二粥一飯」的獨特飲食習慣有關，如皋百歲老人中有七十四%的人每天早晚吃粥，因為吃粥可以減少熱量的攝入，防止肥胖，有效抑制高血壓、心臟病、糖尿病的發生。

關於粥，還要怎樣去評說呢？無須考證歷史，無須查詢典籍，只須看一眼中國人的飯桌就心中釋然了。

隨著資訊的流通，市場的開放，中國的粥文化已被全世界廣泛接納和認可。韓國漢城的松竹粥鋪無人不曉、無人不知，店面雖舊，卻總是門庭若市，蘑菇牡蠣粥一碗六千韓元，菜粥一碗五千韓元、鮑魚粥一碗竟售價一・二萬韓元，光是蛋粥所需的雞蛋一天就要用三百多個！

近年來，粥在日本也廣受歡迎。過去日本人只有在生病時才喝粥，如今粥已成了他們最理想的健康食品，許多女性把粥當成理想的夜宵和早餐主食，超市還出現了十分暢銷的真空包裝粥。

今天，即使是麥當勞這樣的速食巨頭，也不得不放下架子，在美式的鋪子裡賣起了中國的粥。

一點不誇張地說，粥是中國人的最愛，粥只有立足中國才能擁有更深厚的土壤和更廣闊的空間。

袁枚說：「見水不見米，非粥也；見米不見水，非粥也。必使米水融合，柔膩如一，而後謂之粥。」

水米融合，柔膩如一，這恐怕並不只是治粥的最高境界吧。

剪輯米酒

米酒滋生的快樂，是一種微妙的感覺。它無影無形，如一縷暗香，一陣清風，心旌搖盪時升上來的一絲喜悅，幽寂中的一念感動，禁錮中的陶然嚮往，解脫皮囊負重後的婀娜夢魂……

米酒無疑是先於燒酒問世的。

《禮記・月令篇》中記錄了造酒的六點注意事項：「秫稻必齊，曲蘗必時，湛炙必潔，水泉必香，陶器必良，火齊必得。」對原料、投曲、浸煮、水質、器皿、火候等提出了很高的要求，說明釀酒法已趨向成熟。當時釀造的可能是果酒和米酒之類的低度酒，燒酒等高度酒的問世，開始於元代。李時珍在《本草綱目》中說：「燒酒非古法也，自元間始創其法。」當時還有了專門的燒酒作坊，米酒、果酒在民間早已有了。

米酒的釀造可能與農家的殘湯剩飯有關。《酒誥》說：「酒之所興……，有飯可盡，委之空桑，鬱積成味，久蓄芳氣，本出於此，不由奇方。」殘湯剩飯發酵，可以成酒。自然，是在偶然間被人們發現的。

偶然蘊涵必然。米酒滋生的快樂，是一種微妙的感覺。它無影無形，如一縷暗香，一陣清風，心旌搖盪時升上來的一絲喜悅，幽寂中的一念感動，禁錮中的陶然嚮往，解脫皮囊負重後的嫋嫋夢魂……它沒有位置，不可方物，它飛逝得太快，無法攬留。

快樂是內心的充盈。這又刺激著先民們不斷實踐、探索。在我國少數民族中，至今仍然保留著許多原始而古老的製酒方法。台灣山地民族「其釀酒法，聚男女老幼共嚼米，納筒中，數日成酒，飲時入清泉和之。」「人好酒。取米置口中嚼爛，藏於竹筒中，過數日而酒熟，客至，出以相敬，必先嘗而後進。」這是原始釀酒法的最形象的記錄。三峽土家巴人「喜辛辣、好豪飲」。在各領風騷的酒文化殿堂裡，又最以米酒獨富民族特色與土家風味。

米酒又名「醪糟兒」，是少數民族咂酒文化的演變和昇華，咂酒以管筒酌吸酒罈得名，戲喻「雜吸似吃水煙」。有竹枝詞云：「萬頂明珠共一甌，王侯到此也低頭，五龍捧著擎天柱，吸盡長江水倒流。」足見咂酒的魅力與影響之深。

土家人米酒的釀製與咂酒相似，即用蒸煮的包穀麵、大米和高粱、麥黍等五穀雜糧，加酒麴拌均和勻，盛於木盆、瓦甕或布袋之中，置於火旁烘烤或用米糠暖蓋數日，令其發酵溢香，待酒香醇厚時取之再入酒罈瓦罐，注清涼山泉或冷開水封口，旬日便可啟封暢飲。米酒可冷飲亦可煮食，因人因地而異。飲時用大碗公連渣帶水盛滿，佐少許白糖甜食，其味更佳。「一醉二飽」，能連飲三碗者，方可稱為「男子漢大丈夫」！用大碗盛之各飲，既衛生又不失吃酒風度，較之咂酒吃法，係土家人飲酒文化的又一大進步。

孝感米酒早在明代就出了名。它是以優質糯米為原料，用孝感特製的酒麴——風窩酒麴做發酵劑，經糖化發酵製成的。成熟的原汁米酒米散湯清，顏色碧綠，蜜香濃郁，入口甜美，濃而不沾，稀而不流，食後生津暖胃，回味深長。一九五八年，毛澤東主席親臨孝感視察工作時，品嚐了孝感米酒贊稱「味好酒美」。

總之，無論用哪種方法，發酵是基本的工藝，少數民族民間普遍傳承著自製米酒、果酒、馬奶酒、青稞酒的習俗，只不過投曲、發酵工藝已有了許多改進。

民間還傳說夏代的杜康，是造酒業的鼻祖。曹操的〈短歌行〉中有「何以解憂，惟有杜康」的名句。杜康是什麼時代人，是什麼人，眾說紛壇，莫衷一是，一說黃帝時人，一說是夏禹時人，還有說是周朝時人或東周時人。許慎在《說文解字》中說：「古者少康初作箕帚，一秫酒。少康，杜康也。」少康是夏禹的兒子建立的我國第一個朝代——夏朝的第五代君王，少康就是杜康，那麼，杜康就是個君王了。並且明確提到杜康是「秫酒」

的「初作者」。秫：即高粱的統稱。可見，杜康是「高粱酒」的初造者，因此自唐以來，杜康一直被奉為酒之祖。從現有的材料看，我們很難得出「杜康發明釀酒」的結論。因為事實上，釀酒方法的發明，也不可能由某一個人來完成。「古者，儀狄作酒，醪，禹嘗而美，遂疏儀狄。」《說文解字》中的這些話，我們只能理解為，儀狄、杜康只不過是古之善釀者。

酒又是亂性之物。「昔者帝女令儀狄作酒而美，進之禹，禹飲而甘之，遂疏儀狄，絕旨酒。曰：『後世必有以酒亡國者。』」這則傳說，可能是後人杜撰的，但它表明早在中國歷史的傳說時代，人們已認識到酒的危害。據史籍記載，武庚被滅之後，周公以殷遺民封康叔於衛，作〈酒誥〉篇。〈酒誥〉是周武王對段的遺民發佈的禁酒令，足見殷代嗜酒之風盛行，且導致了亡國。後世因酒風不正而發佈的禁酒令，不計其數。

米酒也能把人變成「酒仙」與「酒迷糊」。兩者的分野，似乎在於修養的高下與酒量的大小，修養高、酒量大的人喝多了，很少變成「酒迷糊」。修養不到家、酒量又小的人喝多了，很容易變成胡言亂語、舉止失度的「酒迷糊」，幾杯黃湯下肚，竟不知何者為我、我為何者，平時的儒雅、謙虛全沒了，以致斯文掃地，醜態百出。

米酒，作為酒族中的一員，遵從以道家理論為源頭的酒文化。莊子主張，物我合一，天人合一，齊一生死。提倡「乘物而遊」、「遊乎四海之外」。追求嚮往自由、忘卻生死利祿及榮辱，同樣是中國米酒文化的精髓所在。

米酒最實用的是給人快樂，不是給人享樂。享樂是內心的匱乏或壓抑。世人往往缺乏快樂，於是縱情享樂——後者恰是前者的贗品。

如果說借先秦餘緒，獨領風騷的各種名酒，厚積薄發，脫穎而出的佳釀，是長袖善舞的名門秀媛，那麼鄉野米酒，則是無緣籍入千年壯觀篇章，成為深深庭院的小家碧玉，綿長悠遠的地方清音。

秋收過了，大片大片的田地都裸露了肌膚，在秋陽下展臂舒腰打哈欠。稻子們已經圈在米倉裡等待分批褪皮進缸。晚餐的新米炊香在空氣中嫋嫋浮動，釀米酒的日子和著人們愈來愈濃的等候，漸漸飽漲出醉人的氣息：釀酒用的新稻早已備下，彌散著秋陽無處不在的香甜；柴火也風乾得鬆脆潔爽，燒在爐膛裡，燒出明亮飄逸瓷實的火焰；釀花酒的上好菊花或桂花，汲取了老家的淋漓水氣，天地精華；盛酒的器具經長江水的洗滌，蓄滿了整個秋天的香味，等待著溶進酒的甜蜜醇厚裡……

釀酒的日子到了，老家的女人們一個個神聖美麗起來，籃花花的頭巾，紅蝴蝶又綠蝴蝶的發結，還有那笑魘情魅，羞答答地開放，緩緩而悠悠地飄著奇香。煮後軟軟的粘粘的甜甜的糯米，粒粒瑩潤圓玉，米香滿頰，和上搗碾得細細碎碎的酒麴。屋頂明瓦上的陽光漏下來，女人的手在光線裡麻利地伸伸縮縮，空氣中氤氳著隱隱的喜悅。攪拌均勻了，再用蓬蓬勃勃洋溢溫煦的稻草捂實保溫，四五天後，女人們神秘小心地用手指輕探小潭，積滿的酒漿讓女人凝重的臉綻開花朵，壓上淘籮，將清靈靈的米酒舀出來了。這就是頭酒。兌入涼開水，再封蓋捂實。一周後開蓋，再過上幾天，又是一缸好酒了，這就是二酒。真正喝酒的人，喝的是頭酒，味醇勁厚。二酒色清香遠，別有一種風味。

老家釀米酒，釀造了老家人的情感與色彩，感性和理性，情趣和智慧，寄託和嚮往，富溢了豐滿而意味無窮的象徵。

老家米酒，不是瓶裝酒，是缸裝、罈裝、罐裝酒。喝的時候不用酒杯，用碗。不是花邊小瓷碗，是青瓷大碗。清亮亮閃著點碧色的老家米酒，入口就是一點甜，一點涼。全然不同於白酒的那絲辛辣，也不同於黃酒的那股濃郁。這樣的酒，在每年稻米飄香時才釀，在每年冬天時才喝。

冬至大如年，家人團聚。大街小巷，濃郁的酒味伴著微微的輕風拂蕩，滿村滿巷散發著醉人的香甜。記憶裡最好的美食，莫不過外婆做的酒釀湯圓。雞蛋有意不調和不打勻，進鍋遇沸水，頃刻間，化成了金絲銀絲的蓮花瓣，托著米粒和小湯圓。不啗酒量，便有點飄飄欲仙的醉意。在微醉中，高低錯落的村落農舍，煙雨籠罩的青瓦灰牆，楊柳依依小河拱橋……絲絲縷縷，密密實實，纏成心頭綿長悠遠的記憶。

喝老家米酒，最是「忘心」。年輪前進，擔心、操心、煩心、憂心、傷心的事，與日俱增，直到耄耋之年，你辦事他還不放心。忘心忘心，「山光悅鳥性，潭影空人心」，「恬虛樂古，棄事遺心」。空心遺心，坦然寂然，毫無關礙。米酒入口，清淡如水，滑入咽喉，柔柔貼貼如兒女溫情。虛掩花窗，靜靜地等夢中人兒熟悉的腳步聲聲響起。不能忘心，高貴典雅的心靈，每每被珠寶首飾替代；山水之美，煙霞之樂，被喧囂市塵、美奐樓台所奪。

……

歷史與文化給了米酒全新的詮釋，米酒文化源遠流長，根深葉茂。作為人類文明結晶的米酒，不僅是人們的生活必需品，也是人與人交往、溝通的最好抓手。米酒豐富了生活，更是創造了燦爛的酒文化。剪輯米酒，這裡有「葡萄美酒夜光杯」的景色，「斗酒詩百篇」的激情，「借酒消愁愁更愁」的比喻，「對酒當歌，人生幾何」的灑脫，「莫使金樽空對月」的氣概，「酒逢知己千杯少」的喜悅，「醉翁之意不在酒」的妙喻，「紅酥手，黃藤酒」的苦痛，〈祝酒歌〉的豪放……

如果說借先秦餘緒，獨領風騷的各種名酒，厚積薄發，脫穎而出的佳釀，是長袖善舞的名門秀媛，那麼鄉野米酒，則是無緣籍入千年壯觀篇章，成為深深庭院的小家碧玉，綿長悠遠的地方清音。

米酒不會讓你爛醉如泥，除非你借酒澆愁。米酒給予飲者的永遠是微醺，一半是清醒，一半是陶醉。而包裝漂亮的葡萄酒，似一個嬌豔的貴婦，我們在心底嚮往並欣賞過她，卻沒有勇氣走近她，畢竟，葡萄酒適宜於半明半暗情調曖昧的場所。自始至終能慰藉農人心靈、契和農人身份的只能是米酒。

君子之交，像米酒。酒味淡淡的，似有若無。它不醉人，也不膩人。它不會使你上癮、你也絕對不會為它而瘋狂。在一個微風輕拂、花香襲人的下午，倒上一盅米酒，配一碟花生，你可以度過一段情適愉快的時光；在淒風苦雨的夜晚，喝它一盅，未必可以擋住那洶洶湧來的愁緒。

第四輯　特色風味

回味湯包

真正湯包，皮薄多汁，口感純正，肥而不膩。抿也好，咬也好，陽光已進駐食客的每一粒細胞。一首歌打食客的唇上閃出來，湯包就躲到菊花深處，楚楚動人。

寂寞的日子，忽然想起湯包。圓圓的那種，只有稚童不盈一握的拳頭那麼大，一個拿在手裡，像拿著一朵白菊花——一屋的食客，每人手中拿著一朵菊花，無聲無息地或坐或站，一任春夏秋冬這樣的節令，在店外飛逝。

我國的飲食結構從古到今，是以麵食為主。自然，湯包在我國的歷史中，不是一個可無可有的麵點。說湯包，要說包子，它是湯包祖先。

實際上，隋唐時代已有包子了，不過那時不叫包子，而稱為「饅頭」或「蒸餅」之類。宋仁宗誕辰之日，曾命御廚造「包子以賜臣下」。南宋臨安有「灌湯（漿）包子」。顯然，湯包，是包子的「分支」，而且是先有包子後有湯包，這是不庸置疑的。湯包亦稱灌湯包子，在清代時已十分流行，很多史料都有記載。

其實，關於灌湯包子的形成，有一個非常感人的傳說！

相傳六百多年前，也就是元末明初，朱元璋揭杆而起，攻打天下。一三五六年朱元璋率領起義軍打到浙江中部的金華城下，由於守城元兵早有防備，把城牆加高了七尺，另外還給城門加上了萬斤閘。起義軍攻打了九天九夜，還是破不了城，只得在城外江邊安營。朱元璋和他的回回大將常遇春、胡大海等十分焦急，白天夜裡商議破城之法。一天深夜，常大將軍難以成眠，在帳外來回踱步，思忖著破城計策。忽然，他發現城門悄悄地開了，萬斤閘慢慢地升起，只見元兵押著一批民夫偷偷到江邊挑水。常遇春連忙喚醒胡大海和起義士兵，衝向城門。常大將軍用肩膀頂住萬斤閘，高喊到：「弟兄們，衝進城去啊！」頃刻間，起義軍似千軍萬馬，以排山倒海之勢，一批接一批向城裡衝去。

常遇春肩頂萬斤閘，時間長了，肚子餓得慌。這時，恰好營裡送來包子、菜湯等點心，常遇春就叫胡大海抽身給他喂包子和菜湯。常遇春真是餓慌了，一面狼吞虎嚥地吃著包子，一面仍不停地催促：「湯，包子，湯，包子……」胡大海看著肩負萬斤閘，汗流夾背的戰友，餵著餵著頓生一計，令一士兵先將菜湯灌進包子，再把包子餵到戰友嘴裡。常遇春吃著，覺得喉嚨濕潤了，力量倍增。直到士兵們都衝進了城裡，他才放下萬斤閘。

後來，常遇春問胡大海：「你那天給我餵的什麼好吃的，使我力量倍增？」胡大海笑著說：「就是你叫的『湯包』呀！」常遇春也笑著說：「如果沒有你的湯包，我早就被萬斤閘壓趴下了。」

傳說很動人，更動人的是包子灌湯。包子實沉，湯水滋潤，一對矛盾在它身上處理得和諧，和諧即美。正像河流和河灘，河灘上那些被水浸沒的綠草，那些岸上的野花、那些蟋蟀、那些掛著露珠、掛著小鳥歌聲的柳樹。對美的嚮往不會這樣流逝。湯包就在金華傳開了，金華人也就借著這個傳說做出了著名的風味小吃金華湯包。再後來，灌湯包子走出浙江，在江蘇一帶流傳。

流傳至今的湯包，一般說來北方的個大，皮厚，湯汁少，這樣的包子其實跟「狗不理」源出同門，算不得真正的湯包。兩廣一帶流行叉燒包，講究的是餡料的多樣和新鮮程度，且靠海吃海，以海鮮為餡料的也層出不窮，品種繁多令人眼花繚亂，但卻失去了湯包那獨特的原始口感。真正湯包，皮薄多汁，口感純正，肥而不膩。抿也好，咬也好，陽光已進駐食客的每一粒細胞。一首歌打食客的唇上閃出來，湯包就躲到菊花深處，楚楚動人。「開窗」了，湯包就「呀」的一聲脆裂身子。在歲月的質變中，不是所有的事物都能來得及發出聲音。吸湯就能發出聲音。幸福的感覺像溫暖的陽光。

我在飲食行業幹了十三年，走遍大江南北。想起幾處湯包，任時間逝去多遠，也淡化不了那鮮明的記憶。

先說蟹黃湯包。首推鎮江蟹黃湯包，它是最具貴族氣息的湯包，皮薄、湯多、餡飽、味道鮮美，是有名的小吃名饌。吃蟹黃湯包的時候，「一開窗，二吸湯，三吃光」。「開窗」了，湯包就「呀」的一聲脆裂身子。在歲月的質變中，不是所有的事物都能來得及發出聲音。吸湯就能發出聲音。幸福的感覺像溫暖的陽光。它從不怕人和它相識。心兒伏上去，感應著它的震顫。此刻，成為未來雖不最完美卻是最真情的老照片。待湯汁吸盡，表皮捲起剩下的蟹肉精華，一股腦兒送入口中慢慢咀嚼，口感滑而不膩，如絲綢般在口中迅速融化沉澱，往往未解其味就已經吞入腹中。懊惱之余，細心的服務員會及時再送上一隻飽滿的滴汁的湯包，繼續享用。除了微笑，還是微笑。

很多年過去後，我到南京出差，竟然也看見蟹黃湯包，興之所至，打算鴛夢重溫。我幾乎把我身上的神經都梳理擦拭以後，才敢迎接湯包的。我迎接著的是失望和沸騰後的冷卻。興致索然，奪門而去。本來，一方水土養一方名小吃，每一個地方小吃，都根植於當地的水土和文化。「複製」或「克隆」，也會變味。看來記憶中的蟹黃湯包，跟我的青蔥歲月一般，一去不復返了，思量至此，唏噓不已。

當然，蟹黃湯包並非獨屬鎮江。金風颯颯、菊黃楓紅，淮安文樓「蟹黃湯包」又與老饕見面了。這裡的湯包，遠在一百四十年前，就是宮廷御饈之一。它的餡心與鎮江的幾乎沒有多大差異，但餡皮極薄，點之即燃，餡心親晰可辨。你望著它，它注視著你，彼此把對方當成一道風景。不必言語，但要敏於心思，目之相接，雷電轟鳴，美妙。道光皇帝南巡時，食後龍顏大悅，誇道：「真乃人間第一鮮呀！」更有詩歌讚美：「桂花飄香菊花黃，文樓湯包人爭嘗，皮薄蟹黃餡味美，入喉頓覺周身爽。」

六合的龍袍蟹黃湯包製作絕，吃法奇。做湯包關鍵一步是剔蟹黃、蟹肉，有近十道工序，所選螃蟹必須是單只淨重二兩以上的健康長江絨螯蟹，而且必須是母蟹，捨此便會失去龍袍蟹黃湯包的獨特風味。包子上共有三十三道褶——竟與製作蟹黃湯包所需三十三道工序暗合。每道褶彷彿一片菊瓣，每只包子都如一朵即將開放的白菊，而湯包中間小圓孔中露出的蟹黃又正如菊花的花蕊。想不到一隻蟹黃湯包竟能體現出「菊黃正是蟹肥時」的詩意。

詩意的龍袍蟹黃湯包，需要詩意地品嚐。落座之後，龍袍鹽水鵝、鹽水江蝦等幾道特色冷盤一上，讓人少了夢，多了真實。然後，雞絲、豬蹄膀肉、蟹黃、甲魚肉、木耳、鴨蛋和高湯精心烹製的龍袍蟹黃構築了比這些菜品更豐富的畫面。這就是所謂的「頭道菜」。我的心就裁成無數條彩帶，在「頭道菜」的景致隨它飄蕩。很喜歡這種意境，吃後，心幸福地飛出來，與色香味在餐桌上在秋日的陽光裡快樂地舞蹈。

跳著蹦著，恭迎「主角」蟹黃湯包登場。「輕輕提、慢慢移，先開窗、後喝湯，最後一掃光」。摸著一個個溫暖的邀請，踱向叫好聲不散的心韻裡。

吃完包子，百味俱淡，喝上一碗茼蒿湯，飲上一杯清茶，備覺神清氣爽。這是一個唯美的過程，先與後，多與少，眾與寡，不可或缺，也不能亂了方寸。

方寸不亂，再就說武漢四季美湯包。

它也叫籠湯包，原是下江風味的小吃食品，清末民初就曾溯江來到江城。當初並不行銷，主要是湖北人討厭江南的甜食。好在創業者懂得「橘在淮南為橘，在淮北為枳」的道理，去甜為鹹，立即倍受江城人民的愛寵。

我真正品嚐到武漢四季美湯包，是在一九九一年。那時，我所在的辦公室訂了一份《武漢晚報》。報載，一九九〇年春天，著名京劇演員馬連良的兒子、香港雅達旅運有限公司董事馬浩中先生吃了湯包後，連聲稱讚湯包風味不減當年。第二天又引董事長前來品嚐。接著在香港影片《三笑》中飾演秋香的陳思思，也慕名前來，品嚐後讚不絕口。我不追星，但我「好色」。食色，人的本性。專門在一個星期天，起大早驅車前往。到四季美湯包店，大概在七點多鐘，門口已經排起了長隊。我是等兩個小時，才等到小籠上桌。只見一陣霧氣散去，湯包如美玉一般靜靜的躺在莆葦中，彷彿透明一般，隱隱看到其中的湯汁波光流轉，變幻無窮。用筷子輕輕提起一隻湯包，在頂蓋附近咬破一個小口，用力一吸，一股濃郁的但清澈的湯汁頓時佔據了味覺系統。那種純正豬肉的清香，是別處無論如何吃不到的。待湯汁吸盡，裡面一個渾圓的小肉丸，慵懶地等待我的臨幸，嚼上一口齒頰留香，更是不可多得。要上一碗蛋皮湯，清淡可口，洗卻滿口的油膩，一下就散淡了。心靈的觸角自由伸展，雲遮霧繞的人性敞亮出來。

黃石市是武漢的近鄰，同飲一江水，同屬一個省。黃石挹江湯包是四季美湯包的創新品種。既為創新，就有所不同。先是麵團不同：前者全是冷水麵團，後者摻了發酵麵團；用皮衣服作比，一個是牛皮外套，質地硬實滑爽，另一個是羊皮短褂，手感柔和鬆潤。再是用糖各異：前者是紅糖，重在益氣緩中，助脾化食；後者是白糖，利於潤肺生津。美食，有時候在不變中求變。哪怕是一小變，就能變出獨特風味。正像在生活的溫度計之外，有另外的刻度和水銀，一種潛在的力量，悄悄地發生並影響我們的生活。

挹江湯包是好吃的。吃之前，喝一盅新茶，輕聲細語，拈花而笑，可以說是吃挹江湯包的心境了。籠屜上桌，熱氣騰騰，輕吸鼻子，香就蓬蓬地在鼻端彌漫。湯包蘸醋就薑絲，一口咬上，雖燙嘴，也不顧及。分不清哪是開頭，哪是結尾。像一篇精美的散文。醉人的那一種。

吃完湯包，額布細汗，兩腮緋紅。再喝一杯清茶，心情卻如晴秋的天空那般清明，日子又豐豐滿滿地開始了！

開封古稱汴梁，五代後周、北宋均建都於此，時稱東京。開封特色吃食，首推湯包。輕輕咬開燈籠紙一樣的包子皮，那裡面竟是一汪湯水；透過這些湯水，才表現不同的包子其味各異。這時候，會突然想起：剛剛看過的潘楊二湖都在城裡，這汴梁城的水系恰恰是水在城中，一如灌湯包子的格局！開封潘楊二湖，對應著當年奸臣潘仁美和忠臣楊家將兩家的府第，二者一奸一忠，二湖一濁一清。然而不論清濁，這水在城中則是不爭的事實。卻不知當年開發出汴梁湯包新產品的人，是不是受到了這城與水的啟迪。

淮揚湯包是湯包晃晃，鹵鮮熱燙。「春秋冬月，肉湯易凝，以凝者灌於羅磨細麵之內，以為包子蒸熟，則湯融而不鹹。」有詩證曰：「到口難吞味易嘗，團團一個最包藏，外強不必中乾部，執熱須防手捧湯。」都是別人句子。說得太破，不好。但不能不讀。

溫柔一刀。或者粲然一笑。

燒賣雜憶

燒賣，是一個具有生活實感和象徵意味的詞。它是溫飽的嫋嫋炊煙，是安眠的輕輕夜歌，是體貼入微的一泓湖泉，是撫慰至性的漫天春風，是寒冬的火黯夜的燈。

燒賣，是一個具有生活實感和象徵意味的詞。它是溫飽的嫋嫋炊煙，是安眠的輕輕夜歌，是體貼入微的一泓湖泉，是撫慰至性的漫天春風，是寒冬的火黯夜的燈。它還有著我們難以描述的親切，包括它給我們帶來的甜蜜和苦澀，希望和失望……

就是這樣的燒賣，不同的地域，有不同的叫法。如山西叫梢梅，湖北叫燒梅，江南叫燒賣等等。雖然名稱不同，其實所說的都是同一種食品，都是蓄積先人智慧，凝結成一顆小小的有生命的母體。

燒賣一詞，最早出現在宋朝話本《快嘴李翠蓮記》中。李翠蓮在誇耀自己手藝時說：「燒賣匾食有何難，三湯兩割我也會。」那種精明的做派，一想就在眼前晃過。元代高麗出版了一本漢語教科書叫《樸事通》，關於「稍麥」，它這樣注說：以麥麵做成薄片包肉蒸熟，與湯食之，方言謂之稍麥。麥亦做賣。又云：「皮薄肉實切碎肉，當頂撮細似線梢繫，故曰『稍麥』。以麵作皮，以肉為餡，當頂做花蕊，方言謂之燒賣。」看來，那時的燒麥源於包子，它與包子的主要區別在於頂部不封口，作石榴嘴狀。用石榴比擬，一下記住了。石榴奇崛而不枯瘠，清新而不柔媚，兼備梨桃之長，捨去梨桃之短。

到了明清時代，「稍麥」一詞雖仍沿用，但「燒賣」、「燒麥」的名稱也出現了，並且以「燒賣」出現得更為頻繁些。如《金瓶梅詞話》、《揚州畫舫錄》、《桐橋棹錄》等書中均有「燒賣」出現。明代稱燒賣為「紗帽」。像戴在頭上的帽子，不是「傻冒」。「傻冒」是今人忽悠今人的流行語。乾隆年間的竹枝詞有「燒麥餛飩列滿盤」句，那時的燒賣是「葷餡燒賣」、「豆沙燒賣」、「油糖燒賣」等。還根據燒麥形狀，又稱它為「鬼蓬頭」，是鬼頭蓬開的縮寫，不雅但形象。

燒賣一路走過，簡單而又複雜，自然而又艱辛。時至今日，各地燒賣的品種更為豐富，製作更為精美。如湖北順香居重油燒梅；河南切餡燒賣；安徽鴨油燒賣；杭州牛肉燒賣；江西蛋肉燒賣；山東臨清羊肉燒賣；蘇州三鮮燒賣；廣州蟹肉燒賣、豬肝燒賣、牛肉燒賣和排骨燒賣等等，都飄舞著特色的靈光，剪落著人們驚喜的目光。

烹飪是一門藝術。只有經過沉澱反思，咀嚼回味，蘸著日光月光和燈光，也蘸著自己的汗水和心血，才能做出美食。

燒賣是湖北名吃。在北宋時期始創於黃州。黃州燒賣是甜燒梅，下部如石榴，上部似梅花，形態豔麗，油潤香甜，亦叫石榴梅。當時黃州為八縣生員應試之地，各地考生喜食黃州燒賣，店家就在燒賣上端點了一點紅，象徵紅頂子，祝考生高榜及第，又含有「榴結百子，梅呈五福」之兆。黃州燒賣既可以籠蒸，也可用麻油炸食，每逢迎親嫁娶，歡度節日，黃州人總喜歡做燒賣，辦「燒賣酒」。燒賣在黃州，上得「廳堂」（拿得上台面），下得「廚房」（可以充饑）。

與黃州相距不足百里的黃石市，燒賣的歷史很短，大概是從黃州傳過來的，一九四九年後才流行。師古但不泥於古。黃石燒梅突出特點的是重油。有位朋友知道我是黃石人，聊天時說，你們黃石燒賣像在油中泡熟的。聽他這話，這像是黃石人罪過。我解釋：「油不多。」後來吃了蘇州麵點，我說甜，座中人說不甜。我這才醒悟了，黃石燒賣的確重油。「只緣身在此山中」，好重油反而對重油的記憶喪失了。

我曾經工作過的一家酒店，重油燒梅是當地做得最好的。白案都是手上的活兒，一般是師徒相教，外人在一些關鍵細節上幾乎得不到真傳。但是，張姓老師傅礙於我是他的頂頭上司，心想表現表現，就讓我跟著他，從選料、製作乃至上籠蒸熟等環節，跟班相看。我大致記得，手工擀製的麵皮，呈荷狀，蒸起形似梅花，色白素雅，融潤爽口。餡心主料是糯米、瘦肉和皮凍等。包好後置於墊有松毛的籠屜中，用旺火沸水蒸幾分鐘。揭蓋，在燒梅上均勻地灑上冷水，續蒸即成。這樣，一籠上桌，有如梅花凌霜傲雪，暗香浮動；油重而不膩人，味道鮮美。二兩老酒，三兩燒梅下肚，樂得臉上蕩漾著一種夢樣的光彩。幾年前，市面上銷售的機器製成的重油燒梅，「荷葉」衰敗，「梅花」凋零，餡心偷工減料，如李笠翁所言：失去了「純淨、儉樸、自然、天成」。食品應以本色為貴。「漸近自然」，妙在天成。

若想自己做燒賣，製做起來也並不複雜。說起來容易，做起來就不是那麼一回事情。我曾經嘗試著做糯米燒賣，但是失敗了。糯米泡水的時間有點短。我是中午將米泡上的，按以前的經驗來說，中午泡晚上做應該是合適的，可是第一次把素餡調乾了，所以在煮的過程中，米吸水不夠，飯粒有些硬了。就失敗了。烹飪是一門藝術。只有經過沉澱反思，咀嚼回味，蘸著日光月光和燈光，也蘸著自己的汗水和心血，才能做出美食。

在呼和浩特市的許多飯館，都兼營燒麥，專營的更是星羅棋佈。呼市羊肉燒麥，觀其形，晶瑩透明，皮薄如蟬翼，柔韌而不破；用筷子挾起來垂垂如細囊，置於盤中團團如小餅，人稱是「玻璃餃子」。內蒙古大草原的羊多以沙蔥為食，自然去膻味，所以，呼和浩特的燒麥吃起來清香爽口，油而不膩。

燒賣在呼和浩特叫燒麥，有兩種說法，一說早年呼市的燒麥，都在茶館出售，燒麥又稱「捎賣」，「捎帶著賣」；也有人說因為燒麥的邊稍皺折如花，又叫「稍美」，意即「邊燒美麗」。現今，燒麥已成了美味可口的主食，所以一般人約定俗成叫「燒麥」了。

我第一次來呼和浩特，當地朋友請吃燒麥時，讓我產生誤會。朋友給點了二兩燒麥。我心裡直打鼓，我一頓起碼八兩米飯，這麼一點餵貓呀！？

等燒麥端上來後，大吃一驚，能把二兩燒麥吃盡，就算是好漢一條。原來，呼市燒麥一兩有八個，飯館裡的標準重量是指燒麥皮的重量，而羊肉餡則不計算在內，所以一兩燒麥皮包出的燒麥遠重於一兩。多年之後，我想起這次吃燒麥的情景都會忍俊不禁，會樂此不疲地對大家提起這件事，但是留在心裡的是對美味燒麥的留連，並且發出呼市人「實在」的感歎。在呼市吃燒麥，還必須佐以沏得釅釅的磚茶。這茶產自「兩湖」，被壓成磚頭形狀，故名。磚茶解油膩、促消化，茶香四溢，嫋嫋上升。吃一口燒麥，喝一口茶，兩種文化在我的胃囊裡實現了極其和諧的對話。

在瀋陽，老字號風味小吃就是馬家燒麥館的燒麥。馬家燒麥用開水燙麵，大米粉作撲粉，手工把麵擀成荷葉片，邊薄中厚，以大米粉作布面，麵皮柔韌；選用腰窩、紫蓋、三叉三個部分的牛肉剁碎作餡，肉、油、水不混雜；加調料用清水浸煨成稀疏的「傷水餡」。攏皮捏包時留大纓，上屜蒸熟即可食用。我在瀋陽曾吃過，連吃了兩份，一抹油嘴，那點點滴滴，氤氳化醇，神通而語達成「皮亮、筋道、餡鬆、醇香，不沾牙」。

北京燒賣餡，分四季而有所不同：春以青韭為主，夏以羊肉西葫蘆為優，秋以蟹肉餡最為應時，冬季以三鮮為當令。北京的燒賣像掛曆。

北京經營燒賣的餐館不少，以「都一處」最有名。

中國名家小吃在歷史上大概數不勝數，但能夠因皇帝乾隆賜匾名揚四海的大概當屬「都一處」。當年皇帝出北京城總要走得勝門，「出門得勝」；回城則要走永定門或安定門，「永遠安定」。乾隆十七年的年三十晚上，乾隆皇帝從通州微服私訪歸來，至前門大街，一行已是人困馬乏，饑腸轆轆。天色已晚，還是除夕，所有店鋪都關門了，只有晉人入京的王掌櫃，在鮮魚口開的一家酒鋪還在掌燈營業。乾隆便與隨從進店用餐。掌櫃正在店中忙碌，見進來的三位客官，當中一位衣著儒雅、器宇不凡，兩個僕人，年歲已高，但口無留鬚，想必非等閒之輩。趕忙熱情將客人引至樓上雅座，吩咐夥計打酒端菜，殷勤備至。乾隆吃得酒酣飯飽，龍心大悅，不禁對這家辛勤勞作的小店留起心來，隨口問道：「你這店叫什麼名字？」

掌櫃恭恭敬敬地回答：「回大人，小店尚無正式名號。」

此時街上除夕迎新的鞭炮齊鳴，好不熱鬧。乾隆環顧四周，略一思索，感慨道：「蕭除夕夜，京都尚有好酒好食的恐怕也就只此一處，我看你這店就叫『都一處』吧。」

「是，大人。」掌櫃的應酬著。由於畢竟不明來客何人，他也沒把此事太放在心上。

乾隆回宮後，乘興御筆親書「都一處」三個大字，命人製成匾額，派太監送至酒店。掌櫃聞訊大驚，面對乾隆皇帝御筆賜匾，立即跪地叩謝皇恩浩蕩，之後鄭重接匾，高掛廳堂正中。從此酒鋪有了大名「都一處」，氣勢不同以往，生意更加紅火。除了酒類和涼菜，又新添數十種炒菜，以及燒麥、炸三角、餃子、餡餅等麵食。燒麥共有三種：豬肉蔥花、三鮮、蝦仁。

抗戰時期，「都一處」雖倖免倒閉，但生意一直不振。據說，那時店裡掌櫃終日花天酒地、任意揮霍，但對夥計們卻十分刻薄，不僅工錢給得少，而且伙食非常差，夥計們心生怨恨卻敢怒不敢言，為發洩怨氣乾脆多耗原料。於是，炒菜多擱油，做燒麥的一個勁往餡裡放蝦仁、蟹肉。原先打餡用水也改成半水半油。夥計們想用這種辦法讓掌櫃少賺錢，沒承想適得其反，倒大大提高了「都一處」的燒麥質量，燒麥清白晶瑩，餡香而不膩，前來品嚐的顧客越來越多。店裡見機暫停了餃子、餡餅等麵食的經營，改為專營燒麥。

不過，「都一處」的燒賣則以三鮮和蟹肉餡的最為人喜愛。《都門雜詠》中有詩讚美：「小有餘芳七月中，新添佳味趁秋風。玉盤擎出堆如雪，皮薄還應蟹透紅。」把這種蟹肉為餡的燒麥，描繪得令人垂涎。

上個世紀九十年代初，我去京城時曾專程去這家店鋪吃燒麥，記得找得非常辛苦，看到那掛著的並不是雕空浮龍的乾隆親筆名匾，倒是落款標著郭沫若的三個遒勁大字。於是頓生不安，邁入店內，昏暗燈光下，幾張油膩膩的塑膠桌布，令我大失所望。意想不到的是，乾隆親筆虎頭匾仍掛在店堂正中。原來是自己記錯了，虎頭匾是不能被風吹日曬的。我買燒麥的手伸進窗口，又縮了回來。店堂裡的燈光、色彩，於我都是叫痛的顏色。一九九六年在京城時經過前門，意外發現了那塊似乎是飽經滄桑的、書有「都一處」三個大字的匾額，十分顯眼地懸掛著。於是，下車再度入內。店堂內食客不多，供應的只有三鮮燒麥和沙鍋兩種食品，但那燒麥擺在盤內，如同晶瑩潔白的玉石榴，上面還掛著一層白霜。這些於我，又是一種叫愛的顏色。

福建沙縣有華夏第一岩雕臥佛譽響在外，實際上，這兒的燒賣也是聲振耳鼓。沙縣燒賣皮薄個小，而且在麵粉中摻了部分木薯粉，蒸熟後晶瑩似玉，小巧玲瓏。十個燒賣分成三排，排列在白色的八寸瓷圓盤裡。店員送餐走路的震動，那十個小玩意落在桌上時還在微微地抖動自己晶瑩的身體，騰騰地冒著熱氣。這時，店員還會送上來一小碟豆豉油。豆豉油與醬油不同。豆豉油是青黑色的，並且光滑，散發出來的氣味是清淡的。豆豉油的鹹味不及醬油重，並且略帶甜味。吃沙縣燒賣，就要配蘸這種豆豉油。就這麼輕輕地一蘸，沙縣燒賣的品質便了然於心了。

其實，從一進小吃店，我就早早被吊足了胃口。這時，我終於可以拿起竹筷品嚐了。當然，在夾的時候也講究些小技巧。比如不能太輕，油滑而難起；也不能太重，皮薄而易破。於是我小心翼翼地夾起一個，蘸豆豉油，不小心，真的夾破了皮，豆豉油進了燒賣的肚子裡，浸在小段的粉絲中間，依舊漂亮。食的時候竟然還能保持它的美味。後來，我經常弄破燒賣皮，那一小碟豆豉油沒兩下就光了，只好煩店員再上一碟。等待的時候才發現，許多客人也都在要豆豉油，才知道，想要夾好這燒賣還真不是件容易的事，或者那燒賣原來就是要人不小心弄破，浸了豆豉油，食起來才更有味道。我想，這店老闆也是個精明的人物。每一張桌上都配有醬油、醋和辣醬，唯獨這豆豉油不見蹤影，想吃的時候只能勞店員從後台去取。我想出其中的道理：沙縣燒賣的味美，還得益於豆豉油。外地的燒賣，調味品大都是拌在餡裡。俗話說「眾口難調」，鹹淡酸辣很難把握。沙縣燒賣的餡以料的自然風味為主，食用時佐以天然調味品豆豉油。鹹淡酸辣可由食用者自行掌握，可謂「眾口難調自己調」，不失為取巧的好辦法。

沙縣燒賣在福建很出名，經常會有人特地驅車從外地來吃一天，入夜返回。不是去小吃街吃，而是到長長窄窄九曲十八彎的青石巷裡去吃。青石巷心情是沙縣人的心情，也是沙縣燒賣的心情——不隨它意，只應本心。沙縣燒賣活在青石巷裡，離開青石巷，也只是為了轉達青石巷永遠的問候。

大都市上海很奇怪，正規酒店常賣的「四大金剛」食品中，不包含燒賣，想將燒賣當早點或午點、夜點來吃，攤擔上是沒有的，但小吃店內，則必有燒賣供應。我曾問過上海的同行，他們笑而不語，一副不願意與人「商榷」的樣子。這恐怕與上海人心態有關。個體自立的觀念，讓上海人就是按照這種方式經營燒賣，對於像我這樣的疑問者，他們只在心中說出一個頑皮的聲音：「關儂啥事體？」

北方則不同，燒賣最常見的餡不是肉食菜蔬，而是糯米。有不少赫赫有名的本幫飯館酒樓，還把燒賣作為一道精製的點心供應。但從未聽說過，單以燒麥精美聞名於滬上的小吃店。

廣東人飲早茶時，燒賣是最常吃的一種點心。廣式燒賣一般比較小，直徑不過兩釐米，一個小籠子內可以放下三至四顆。乾蒸燒賣，以切碎豬肉、鮮蝦為主要餡料，用鮮黃色的薄皮包裹，再在燒賣上加一點蟹黃來點綴；牛肉燒賣，將切碎牛肉，用白色的薄皮包裹，再加上一顆青豆；三星燒賣，是乾蒸燒賣的變相，在豬肉餡燒賣裡分別放上冬菇、豬肚和蝦肉，每一籠三星燒賣只有三顆，一種餡料一顆燒賣；魚肉燒賣，體積較一般燒賣細小，主要餡料是碎魚肉，用鮮黃色薄皮包裹，通常作為街邊小吃；黃沙豬潤燒賣，在豬肉餡料上加上豬潤蒸製而成，是一種懷舊點心，現時新式茶樓很少供應，只有一些老茶樓有售。

……

寫完這篇小文章的時候，我聽說我生活的社區裡，一家燒賣店月月虧本，混不下去了。老闆只好改弦更張，另闢蹊徑。老闆蹙著眉頭想：我怎麼就這麼不走運呢？他不知道，他的買賣不好，原因就是他違背傳統。燒賣本來就是手工製做的食品，人工而機器化，又不講究風味特色，少了一份鄉情民俗，失去了一份真實。

看來，類似燒賣這樣的食品，其傳統工藝是不能丟的。

然而，保住傳統，真難！

餛飩民俗

餛飩走進了風俗，彷彿生了柔柔韌韌的長蔓，把故土繫在身邊，把親情繫在心間，把眷戀繫成永恆，一端在遠方，一端在眼前。

餛飩其實是一種民俗。在中國，餛飩就是湖北的「清湯」，就是四川的「抄手」，就是廣東的「雲吞」，就是福建的「扁肉」、「餛飩」。餛飩既可作點心，又可作菜肴。餛飩不混沌。不混沌的餛飩，是民俗。

餛飩最早見於文字的，是漢揚雄的《方言》：「餅謂之飩。」三國時魏人張輯《廣雅》已注明：「肫，餅也。」據《事物紀原》考，餛飩是餅的一種，差別為其中的夾肉餡，經蒸煮後食用；若以湯水煮熟，則稱「煮餅」與「湯餅」。餅是餛飩之「本」，餛飩是餅的一個「枝椏」。

餛飩之形，南北朝時北齊人顏之推第一個描繪。崔龜圖說：「顏之推云：今之餛飩，形如偃月，天下通食也。」偃月為半月，彎彎的一角新月牙，不是殘，是追求盈圓。

古人還認為餛飩是一種密封的包子，沒有七竅，所以稱為「渾沌」，依據中國造字規則，後來才稱為「餛飩」。在這時候，餛飩與水餃並無區別。

千百年來水餃並無明顯改變，但餛飩卻在南方發揚光大，有了獨立的風格。至唐朝起，正式區分了餛飩與水餃的稱呼。唐人段成式的《酉陽雜俎》中記：「今衣冠家名食，有蕭家餛飩，漉去肥湯，可以瀹茗。」《雲林堂飲食制度集》詳細記述了「煮餛飩」法：「細切肉臊子，入筍米，或茭白、韭菜、藤花皆可。以川椒、杏仁醬少許和勻，裹之。皮子略厚，小，切方，再以真粉末擀薄用。下湯煮時，用極沸湯打轉下之，不要蓋，待浮便起，不可再攪。」中規中矩，非常講究。難怪陸游有詩：「春前臘後物華催，時拌兒曹把酒杯。蒸餅猶能十字裂，餛飩那得五般來。」喟歎的是餛飩的精緻，一般居家難做。

另有民間傳說。吳王夫差沉湎歌舞酒色，某年冬至歌宴，嫌肉食膩肥，很不高興。西施用麵粉和水擀成薄薄的皮子，內裹少許肉糜，滾水一汆之後，隨即撈起，加入湯汁，進獻夫差。夫差食之讚不絕口，問為何物。西施信口以「混沌」作答。此後，餛飩這一美味就逐漸傳至民間。雖然人們平日也偶爾吃吃餛飩，但冬至那天卻人人都要品嚐一碗，以此來紀念餛飩創造者西施。餛飩與西施結緣，故事永遠年輕。

宋人周密在《武林舊事》中記述當時杭州冬至習俗：「三日之內，店肆皆罷市，垂簾飲博，謂之『做節』。享先則以餛飩，有『冬餛飩年撥』之諺。貴家求奇，一器凡十餘色，謂之百味餛飩。」可見至遲在宋朝，杭州灣畔的人們已經有冬至吃餛飩和以餛飩祭祖的風俗。

冬至，「一陽嘉節，四方交泰，萬物昭蘇」。陸游〈歲首書事〉中有「中夕祭余分，黎明人起喚鍾馗」之句，他自注：「鄉俗以夜分畢祭享，長幼共飯其餘。又歲日必用湯餅，謂之『冬餛飩年』。」以餛飩祭祖，這種習俗一直沿襲到清代。清潘榮陛《帝京歲時紀勝》：「長至南郊大祀，次旦百官進表朝賀，為國大典。紳耆庶士，奔走往來，家置一簿，題名滿幅。……預日為冬夜，祀祖羹飯之外，以細肉餡包角兒（餛飩）奉獻。諺所謂『冬至餛飩夏至麵』之遺意也。」

餛飩走進了風俗，彷彿生了柔柔韌韌的長蔓，把故土繫在身邊，把親情繫在心間，把眷戀繫成永恆，一端在遠方，一端在眼前。

餛飩縫合著我們在時間流逝中丟棄的記憶，它為米飯作為主食所能承擔的最忠實的證明，成為主食的另一種不眠眼睛。

我國地大物博、歷史悠久。南北餛飩的叫法各異，風味也不盡相同。以皮而論，上海的縐紗餛飩，無錫的手推餛飩，均皮薄恰似蟬翼，皮爽滑如凝脂。可若談起湯來，北京致美齋講究用老母雞吊湯。這是高湯。是心靈雞湯，豐厚沉實，質樸本色，貽人以力和美。

在餛飩餡製作上，南方的和北方的大相徑庭。北方餛飩餡一般非常少，與筷子頭相仿，並且較為單一，多為豬肉加蔥、薑和調料；餛飩個頭也輕靈纖巧，小鳥依人。而南方的，就大不一樣了。廣州的餛飩不僅豬肉為餡，就連雞、鴨、鵝、蝦、蟹等都可入餡。單是豬肉糜中，也要加入蝦仁，拌入肉鬆。肉中加肉，味在複合。在上海，我在「雨林苑」和「金師傅」兩家餛飩店，品嚐過四十餘種葷素餡搭配的餛飩，雖過去多年，記憶裡依舊是海納百川的氣派。在安徽黃山，那裡的餛飩豆腐入餡，吃起來有閒雲野鶴意味。

南方餛飩餡多，每個餛飩都包得十分豐滿俏式，薄薄的皮子舒翹挺拔，白白的，像修女剛剛漿洗過的白布帽子。餛飩湯很寬，用小蔥末、胡椒、鹽、味精和一小粒豬油衝開，有一種很世俗的清香。

南北兩地餛飩的差異，說到底是飲食習慣和飲食文化的區別。

北方以麵食為主，尤其擅長做餃子，按說餛飩也不應該落伍，畢竟，「本是同根生」。實際上，北方的餃子名頭太大，是角兒，就像舞台上的青衣，轉過身，長長的水袖掩住了朱顏，也擋住餛飩。餛飩只能退居其次，跑龍套。是角兒，就得捧。羊肉配西葫蘆；牛肉加芹菜；豬肉摻茴香；雞蛋和韭菜。凡此種種，使北方餃子餡八仙過海，各顯其能。北方餃子也光彩照人，「三千寵愛在一身」。「好吃不過餃子，舒坦不如倒著」，每逢大年三十，家家年夜飯的餐桌上，必定少不了一盤餃子。餃子被年進一步放大，萬人仰視。如此世態，餛飩被忽略是情理之中的事情。

忽略不是消失。忽略裡也有愛。忽略的愛，也在成長，沉默地延續。南方以米飯為主食，餛飩登堂坐鎮，就讓南方人與米飯構成一種新距離，一種新角度。呵，主食之外，還有味美的餛飩。正如複調音樂，主旋律和副旋律相互呼應、襯托，使主旋律更加豐富、韻致，副旋律是不可或缺的存在。在南方，餛飩縫合著我們在時間流逝中丟棄的記憶，它為米飯作為主食所能承擔的最忠實的證明，成為主食的另一種不眠眼睛。

以飲食文化來說，北方人將食餛飩不稱之為「吃」，而是謂之為「喝」。「喝」，飲也。餛飩算不得主食，只是用來輔以正餐。因此，北方人在食餛飩時，經常就著芝麻燒餅或是小籠包子。餛飩默默地維繫著它與主食的最後約定——喝。聲音不薄不厚，有色有味。生活的空間，狹窄而富有。

南方則不然，餛飩是吃。我在滬期間，常去的幾家有名的餛飩店，只賣餛飩，別無其他。而當地人到店中，也只要一碗餛飩當做正餐。當正餐的「吃」比當副食的「喝」，要優雅，是細緻地慢嚼細咽。南方人吃餛飩，其意不在餛飩。思想逸出塵外，那種感覺之美妙，真是無從言說。

餛飩也出國了，引領者是馬可•波羅。餛飩在義大利安家落戶，不過做法已經完全西化。義大利的餛飩用雞蛋、麵粉調和成麵團，用牛腦、芹菜做餡。把拌好的餡攤在擀好的皮子上，再用一層麵皮覆蓋在上面，揿緊、壓實後，切成骨牌大小的方塊，放進烤箱烘熟，最後加上沙司上桌。這種餛飩，倒也符合唐朝《一切經音義》所引《廣雅》說的：「餛飩，餅也。」在義大利吃餛飩，能吃出唐朝風韻來。

任何一種美食，總是要隨著當地的飲食習慣和文化而變化的。假如有一天，在非洲做客，當地主人要是給你端上一碗摻加進果餡與果汁兒的「餛飩」，我想也大可不必驚異，任何美食總要入鄉隨俗。

就我所吃的餛飩而言，北京「餛飩侯」是餛飩一絕。皮薄如紙，把皮放在報紙上，能看到下面的文字；內餡精細，肉是前臀尖上的肉，七分瘦三分肥，與肉相配的菜講比例，多少不得，打出的餡非常均勻，恰到好處。手工現場製作，叫推餛飩，師傅平均一分鐘能推出一百多個，手之麻利讓人歎為觀止。湯是豬的大棒骨熬成的，鈣質豐富，味濃不膩；作料「全」，紫菜、香菜、冬菜、蝦皮、蛋皮兒等，無所不包。五〇年代，「餛飩侯」就已名噪京城。當年，周恩來宴請外賓，把「餛飩侯」的師傅請去過幾次。吃得外賓聳肩叫好，連呼不可思議。吃得內賓溫暖如春，「千載有餘情」。

蘇州「綠楊餛飩」只有一種餛飩，就是雞絲餛飩。雞絲餛飩不好聽，通常就叫雞湯餛飩。「絲」「四」「死」同音，在蘇州麵店裡，這「四、死」被避諱掉了，服務員端面上桌的時候，決不會說「你好，四碗來哉！」一定會這樣吆喝：「兩兩碗來哉！」

雞絲餛飩的湯中漂著些許雞肉絲。這是店家對餛飩湯的證明：我雞肉絲都給你了，這雞湯還會是假的嗎？還有蛋皮。想要有青頭的，再加一把蔥花。如此，雞絲餛飩就有些富貴氣，還有風情，有學問。

「餛飩侯」和「綠楊餛飩」都是「中華老字號」。「中華老字號」是飲食行業的玉壺冰心，纖纖柔骨中有凜然風骨，溫柔婉約中會堅定的拒絕，一路走來，雖歷經世事，仍不染風塵。

廈門的「餛飩」，比起北方餛飩，明顯的皮薄餡足，其面皮幾近透明。「野史」上說，餛飩乃北方俗語，「凡用薄麵片包餛飩，凡餌之屬，水餃、鍋貼之屬，統稱為餛飩，蓋始於明時也。」閩越一帶歷來以稻米為主食，廈門人稱麵皮做的餛飩為「餛飩」，也許它本來就是北方餛飩的「改良版」。福建穆陽佘區的穆陽餛飩，又名扁肉。它皮薄、色鮮、味香、粒實、富有潤性。

湖北的清湯可葷可素。既為清湯，湯必須地道。湖北人喜歡喝湯。湯是一曲無聲的樂章，無聲勝有聲。湖北清湯皮薄餡多，不破不裂，滑而不糊，鮮香味美，營養豐富。

廣州的雲吞，可單吃，亦可和麵同吃，叫雲吞麵。麵爽、餡嫩、湯鮮，是一種可自由選擇餡料的「餛飩」。

四川的餛飩——抄手，很貼切。薄麵皮夾餡，用手一「抄」即成型，把餛飩製作過程都涵蓋進去了。如果說廣州的雲吞以皮白取勝，那四川的紅油抄手則以色紅著稱。抄手裡幾乎不放湯，加很重的佐料比如辣椒粉、花椒粉、醬油、紅油之類，對口味重的人來說很過癮。吃著吃著，就記住了紅色，沉穩的紅色。

「一路師傅一路拳」。走過大江南北，不妨要過一碗餛飩。沒准能吃出個南甜北鹹、東酸西辣的飲食文化。

鮮活豆皮

老通城豆皮，單是漢字，就已構成視覺上的美麗；單是音節，就已充滿味覺上溫柔。

豆皮是湖北很經典的一個小吃。來武漢而不吃豆皮的話，可謂白來一次。而吃豆皮不去「老通城」，就難算是品嚐過真正的豆皮美食了。

豆皮與老通城酒樓有很深的淵源，或者說，老通城酒樓為豆皮推廣立下了汗馬功勞。豆皮原是民間小吃，一九三一年被引進老通城。引進不是照搬照抄，而是愛它想要的，給它想要的溫暖，再把它想要的孵出來。老通城孵出的老通城豆皮，博採眾長，風味獨特。綠豆、大米混合浸透磨漿，用凹圓形專用鍋和蚌殼攤成皮，包上糯米飯、豬腿肉肉丁和蔥、薑等佐料，油煎，至色澤金黃透亮、外脆內嫩即成。

老通城豆皮，單是漢字，就已構成視覺上的美麗；單是音節，就已充滿味覺上溫柔。老通城豆皮的黃，是純正的黃，如爐中的銅汁一樣響亮的黃色。柔軟鮮潔的糯米飯和肉丁，充盈著水分、油汁的蔥花，共同隱喻著清新的體香，讓人的唇齒間漸漸湧上了一股揮之不去的芬芳。

老通城豆皮名震全國，與一個偉人有關。這個偉人是毛澤東。

上個世紀五十年代，毛澤東武漢之行。那時，坐落於武漢市解放公園路上的市府大院是一個人跡稀少、環境優美的辦公場所。毛澤東就下榻在那裡。

毛澤東日裡萬機，但百忙中還不時地抽出一些時間，與警衛員單獨行動，化妝上街，觀察和親身體驗民情民風。

在離大院不遠的惠濟路上，有一個不大的飯館子叫「老通城」。

毛澤東和警衛員在外面巡視完後，有時會到那個飯館子裡落腳。

飯館子裡的師傅很是熱情，可能是湖南人和湖北人生活習慣相近的緣故，師傅和毛澤東談話談得很是投緣。師傅對眼前的這位長者一點都沒在意，他怎麼也不會想到，坐在他眼前的這位長者，竟是億萬中國人敬仰的偉大領袖。

毛澤東像一位慈祥的老者與師傅嘮著家常，噓寒問暖。師傅毫無顧忌的將普通市民的心聲傳送給了國家主席。

這個在武漢三鎮不起眼的惠濟路，和在惠濟路上的這個「老通城」飯館，因為飯館師傅的熱情好客，一夜之間成了名。他的傑作成了支持武漢餐飲業幾十年不倒的名牌。

那天傍晚，據說毛澤東完成了在武漢的工作日程後，不知是什麼原因，又來到了「老通城」，但老人家沒什麼胃口。警衛員見狀，就悄悄地同師傅交談，讓師傅給弄一點糯軟適口的東西來。師傅心領神會，把廚藝傾心地用在豆皮上。

豆干丁、肉末、雞丁、木耳、香菇粒。幾種看似普通的餡料，經師傅精心調製，就成了美味坯子。放在火候適中的雞蛋餅裡煎熟，就成了美味可口的「豆皮」。毛澤東吃過後精神大振，讓警衛員把師傅叫過來表示了謝意。並問師傅，這道美食叫什麼名字呀？那師傅還沒從緊張中回過神來，經毛澤東這麼一問，更不知怎樣回答，因為他自己也不知道自己做的這道食品叫什麼。情急之中武漢話脫口而出「豆皮」。

豆製品在武漢人的日常生活中占的分量太重了，師傅說「豆皮」時肯定是下意識的，因為這道名吃和豆皮幾乎是毫不沾邊。

警衛員向師傅道謝後，和毛澤東離開了小飯館。

毛澤東離開武漢，有關部門的工作人員來到了「老通城」，把毛澤東的話帶來。毛澤東說：「豆皮是湖北的風味，要保持下去」，「你們為湖北創造了名小吃，人民感謝你們。」

師傅真真是驚呆了。天哪，原來這些天來和自己嘮家常，品自己手藝的長者，竟是敬愛的領袖毛澤東主席。師傅激動地癱坐在了那裡，好半天沒緩過氣來。

毛澤東在「老通城」吃豆皮的消息，立即在市井中傳開，品豆皮的、看光景的人絡繹不絕。接著，劉少奇、周恩來、朱德、鄧小平、董必武、李先念及外國元首金日成、西哈努克……光臨過「老通城」。「老通城豆皮」就成了名揚神州的美食。

「醫食同源」，古老樸素的思想在不太古老的豆皮上找到了靈感，就有了豆皮的食譜，有了含蓄的表達。

我到了全國許多地方，鮮有賣三鮮豆皮的。長沙、上海能見到它的蹤影，細問方知，都是從武漢過來的。當然，叫豆皮的不少，北方管大豆做的乾豆腐叫豆皮，我老家就這麼叫。然而，此豆皮非彼豆皮，完全不是一回事。

我生活的黃石市早點店，有賣豆皮的。黃石市離武漢很近，儘管菜點不是一個流派的，但兩城市市民的生活習性互相滲透，喜好大同小異。說到底，黃石的三鮮豆皮就是武漢的三鮮豆皮。所以，我知道三鮮豆皮是這樣一種小吃：「豆」，必須是脫殼綠豆；「皮」，必須是精製米漿；餡，必須是糯米；三鮮，必須是鮮肉、鮮菇和鮮筍；形，必須是方而薄；色，必須是金而黃；味，必須是香而脆。吃起來絕對不遜色於「漢堡包」和「比薩餅」。

如此美食，選擇了綠豆，是巧合，還是必然，不能不多閒聊幾句。

綠豆，又稱「青小豆」，是糧食、蔬菜、綠肥兼用作物。原產印度、緬甸一帶。產地主要分佈在中國，其次為印度、伊朗及東南亞各國。我國的栽培歷史悠久，北魏賈思勰所著《齊民要術》中有記載。被李時珍盛讚為「菜中佳品」、「濟世良穀」。綠豆製成的各種食品向來為人們所喜愛。可用它作豆粥、豆飯、豆沙包；炒著吃，做成炒麵；綠豆磨成粉，澄清過濾後，可做糕餅；蕩成皮，可做綠豆粉皮；加工成型，可做粉絲、粉條、涼粉；釀造可製酒；水泡可生成白色的綠豆芽。綠豆，性涼味甘，能解酒毒、野菌毒、砒霜毒、丹石毒、藥物毒等多種毒性。一種豆作物，具有藥用和食用的雙重價值，還不多見。

偏偏豆皮用上了綠豆。有時候我想，一個廚師和一份綠豆就是豆皮的砝碼，另一端是「醫食同源」。

我國有「醫食同源」的傳統，幾千年來，烹調和醫學關係密切。先秦時期，醫生和廚師配合默契，藥品和食品常常一致。後來，食和醫雖然分家了，但是飲膳仍以醫學作指導，醫學家也多採用食方來治病，久而久之，中醫中藥和烹調飲膳便互相滲透，健身益壽的膳補食療也成為烹調理論的組成部分。自然，歷代廚師深受其影響，在他們的發明創造中考慮到「醫食同源」的問題。可以說，「醫食同源」，古老樸素的思想在不太古老的豆皮上找到了靈感，就有了豆皮的食譜，有了含蓄的表達。

廚師也是人，他們也有自己的理想，因為生計，他們可能更多地感受到的是人生的苦痛，也就自然而然地通過製作菜點療傷。如豆的燈光下，寂寞的案板上，一堆綠豆、糯米在一個廚師的手中頓感然活了起來，馬上有了思想感情，有了喜怒哀樂，有了故事和傳說，有了令人叫絕的豆皮！

時光進入了二十一世紀的時候，中國人嚮往生活中加一點「小資」的滋味，抑或是一種情調。「小資」是一種浪漫的生活時尚。表現浪漫情懷的飲食，似乎是「漢堡包」和「比薩餅」。它們有大洋彼岸的貴族氣質。它們常在幽幽的燈光下，以沒有雜質的音色表現秋水般的輕柔。三鮮豆皮不以為然。三鮮豆皮深知自己的使命，就用它原生態的中國色香味向普通人敘述一個故事，一段日子的情感經歷。黃黃的皮，油油的餡，能把生活的酸甜苦辣傾訴出來就行了，不需要太多的因素摻和。

所以，任何時候，三鮮豆皮保持著另一種鮮活的姿態，這種鮮活的姿態，在中國大地上，永遠不能消解。

結識米線

蒙自過橋米線，是一本厚重而古典的線裝書。用土黃的陽光一頁一頁裝訂，中間的插圖是紅、白、黃、綠。我是一位幸運的食客，從城市來到山區，把這線裝書反覆閱讀。

我生活城市裡，有一家「張太婆米粉店」，開了好幾家分店。如今開連鎖店不容易，沒幾下子真「功夫」，是很難立住腳的。那天，我懷著崇敬的心情，專門造訪。一翻食譜，有雲南的過橋米線，是滇系最為有名的小吃。當時，血沖腦門，要了這份美食。

一會兒，米線端了上來。碗是白瓷藍邊碗。根根米線比粉線還粗上幾倍，但軟軟地盤著，樣子極其溫柔。我不由得用筷子去撥拉，卻攪起了一碗的油香。用嘴一嘗，冷不丁燙著了嘴唇。方才明白是浮油遮住了碗內熱氣蒸發的緣故，不禁為自己的魯莽而汗顏。

關於米線，我依稀記得在《食次》中，被稱為「粲」。《齊民要術》解釋「粲」叫「亂積」，並有詳細的說明。我把它翻譯過來就是，糯米磨成粉後，用蜜和水調至稀稠適中，灌入底部鑽有孔的竹勺，看粉漿能不能通過孔流出來。要是不能流，就再加些蜜和水。粉漿流出來成細線，入鍋中以膏油煮熟。就我看的資料而言，這就是早期的米線。

在宋代，米線稱做「米纜」。樓鑰有詩為證：「江西誰將米作纜，卷送銀絲光可鑑。」當時的米線還可以乾製，潔白光亮、細如絲線，可饋贈他人，也稱「米」。陳造在《徐南卿招飯》中說：「江西米絲作窩，吳國香玉為粒」，可見當時的米線干品，內外盤纏，上下交錯，有如鵲窩。

明清之際，米線還稱做「米」，但形制起了變化。《宋氏養生部》記載兩種製法，一是說「粳米甚潔，碓篩絕細粉，湯溲稍堅，置鍋中煮熟。雜生粉少許，擀使開，摺切細條，暴燥。入肥汁中煮，以胡椒、施椒、醬油、蔥調和。」二是講「粉中加米漿為糍，揉如索綠豆粉，入湯釜中，取起。」讀到這裡，忽然想起一同事，身材苗條，皮膚潔白，有外號「米線」。不禁掩口竊笑。

現在的米線，以雲南生產的為最好。雲南的米線有很多的流派。像滇東玉溪的小鍋米線、滇南過橋米線、滇西涼米線、過手米線等等。而米線中的「頭牌」，當屬過橋米線。

過橋米線發明於雲南蒙自，至今有兩百年歷史。蒙自過橋米線是中餐又像西餐，似火鍋但沒有火，屬速食食品卻又複雜之至。其組成分為三大件，大盤生熟參半的葷、素菜，一大碗米線湯和一碗鮮米線。蒙自過橋米線之奇，奇在湯上。湯是用肥雞和豬筒子骨熬制，清澈透亮，以大大碗公盛之，再放入味精、胡椒、熟雞油等。湯滾油厚，碗中不冒一絲熱氣。吃的時候，先將生肉片逐一放入湯中，輕輕攪動，肉片立時變得玉蘭片似的雪白、細嫩；再放入鮮菜，少時亦熟，但鮮綠不改；最後放入米線，配上辣椒油、芝麻油，即可食用。蒙自過橋米線，是一本厚重而古典的線裝書。用土黃的陽光一頁一頁裝訂，中間的插圖是紅、白、黃、綠。我是一位幸運的食客，從城市來到山區，把這線裝書反覆閱讀。

蒙自過橋米線如此出名，卻很難像四川擔擔麵那樣走向全國，原因很簡單，一離開這方水土，它就「認生」。蒙自過橋米線瘦卻韌的身軀，終生終世注標滇南山區的位置。

蒙自人和蒙自過橋米線有一種簡直是滲透骨髓的依存關係。無法想像對一個蒙自人說「你永遠吃不上米線了」會產生什麼後果。米線是他們百年不變的固定早點，無論男女老幼，早上少了那一大碗公米線，那一整天就像生了病。出差在外，人困馬乏，回到蒙自吃一套米線下去，頓時全身通泰，精神倍增。人快歸西了，幽幽還魂，家人問有什麼話說，回答是還想吃一套米線。米線於蒙自人的這種情感、意念乃至血液與靈魂的移植，是春蠶般全身心的祭獻。米線的形態、本質便留在蒙自，成為一個可以感知、能夠撫摩到的活體。而當外地人享受蒙自米線時，便像是與蒙自人在交談，時時感受到他們的生命氣息，在分享喜悅的同時，也充分體驗到一種強烈的生命衝擊。吃蒙自米線需要用整個心靈，而不能只靠一雙眼睛。

清軍機大臣李鴻章出訪法國，大熱天法國佬給他一隻冰棒解渴，李鴻章見冰棒在冒煙，以為很燙，吹了半天才小心吃了一口，結果冰得他呲牙咧嘴。法國人哈哈大笑。李鴻章出了洋相，也不言語，尋思「回敬」。某日，該法國佬來到中國，李鴻章請他吃一種特別的食物——蒙自過橋米線。先上來一碗湯，看上去平平靜靜，熱氣全無。法國佬以為是一種冷飲，猛喝一口，立即被燙得七竅生煙。「李鴻章的厲害，米線的厲害。」

米線之於雞湯，米線藏在湯中，米線是核心，是精萃；雞湯之於米線，雞湯環抱在米線外，是胸懷，是眷戀。米線與雞湯的關係，類似於相互深愛著的男女關係。

「張太婆米粉店」裡的米線，有很多品種，有很好聽的名字：像最便宜的叫做鴛鴦米線，八元一碗。還有像進士米線、狀元米線等等。價格不等，用料也不一樣。

兩個年輕人坐在我對面的一張桌子上，一看就知道是一對戀人。從他倆交談中得知，他們是逛了書店又散完步後，到這裡吃鴛鴦米線的。我詫異他們的愛情生活消費是如此的簡潔，與有些講排場、重面子的年輕人天壤之別。

我忽然有了一點心得：米線之於雞湯，米線藏在湯中，米線是核心，是精萃；雞湯之於米線，雞湯環抱在米線外，是胸懷，是眷戀。米線與雞湯的關係，類似於相互深愛著的男女關係。

這對戀人心滿意足地走了，出了店門，他們的手一挽，也挽回了我記憶中快要丟失的東西。

王先生曾經是我的同事。那時，他的中餐總是和女朋友在單位附近一小餐館裡吃米線度過的。小餐館老闆讀米線讀出了利潤，也讀得春風滿面。王先生和女友讀米線讀得囊中羞澀，但讀得情意綿綿。

後來，他們結婚、生子……王先生所企盼的好生活還是沒有出現。過去的女友現在的妻子卻說：「吃米線的日子窮是窮點，但我們是多麼的幸福。幸福是錢買不來的呀。」王先生猶疑了很久，覺得還是不能改變去廣州的初衷，只得分手。從民政局出來，天正下著雨。他懷揣大學畢業證書和離婚證書，背著簡單行囊，頭也不回地登上南行的列車。

五年光陰一晃而過。已經創下了一份家業的王先生，在一個陽光很好的下午，長噓了一口氣，搭乘飛機，彷彿做夢一樣，又站到了前妻面前。而前妻，正牽著兒子小手，從從容容地走在回家的路上。

「你想吃什麼？」王先生含著淚問兒子。兒子不認識他了，退縮到媽媽身後說：

「米線。」

三碗米線和四個熱菜端了上來。米線依舊是那麼清香濃郁，柔韌悠長。熱菜未動，米線卻全落肚中。王先生的眼淚再也止不住，狂湧而出……

一個真實但不太複雜的故事，讓我這個平庸的人也產生了一點覺悟：一切美食最初都必然隱身於常人所熟視無睹的事物中。一切美好的創造，都是對被遮蔽的美好事物的揭示與發現。做米線如此，寫作如此，尋找意中人亦如此——她們擁有平靜的外貌和不平靜的心。在這個春天的上午，在「張太婆米粉店」，吃米線，我還吃出了另一個想法：雖然王先生已經衣錦還鄉，但在他最在意的那個人眼裡，他的錦衣正如安徒生童話裡皇帝的新衣一樣，沒有任何實際的意義。錦衣無色，他也無鄉可還。無鄉可還的他，就只是一具一無所有的軀體。如果從科技的角度上講，只有求新求高才會讓社會進步的話，那麼從精神的角度上看，就只有求真求實才會使靈魂幸福。從這個意義上來說，窮和富更是相對的，那時候他們窮，未必就沒有富有；這時候，他富有，未必就不是乞丐。正如那四個熱菜，和米線是否好吃沒有什麼本質的關係一樣，他所嚮往的好生活，和金錢別墅、寶馬香車也沒有什麼必然的因果。最重要的只是親情。而真正的親情，是不講究熱鬧、不講究排場、不講究繁華、更不講究噱頭的，如米線一樣，只注重味道。

這則故事和米線有關，又似乎與米線無關。此時於我，突然記起一句禪語：「色就是空，空就是色。」套用一下就是「無關即有關，有關即無關」。但，結識米線是幸事。於是在心裡說，明天我還要來「張太婆米粉店」，吃過橋米線，並且，帶上夫人和孩子。

第五輯　吃之境界

文人野炊

我坐在一礅岩石上，坐在時空的交叉點上，內宇宙漸漸地靜了下來，冥冥中，似乎已經入靜生慧，心與古時結伴郊遊的文人佛合了。

出了生活的都市，信手拈來，便是一個秋天的開頭：一抹朝暉，敷在淺色葉片之上的竹子；或者一條田塍，傍小河在地壟中穿行。

於是，祁峰山成了主角，它漫不經心地寫它的意，把峻嶺崇岡、高樹低荊，貌似無章無法地佈局、組合，竟然如此協調、諧和，生出只有這般搭配才出落的風情和格調來。秋天到了祁峰山。秋氣薰染出漫山的桔紅、菊黃、蟹青、藕白。這個季節稍稍多用了幾種色彩，便有了撫慰寂寞的體貼和歡娛。

山幽林深，輕煙籠翠，時有鳥鳴傳來，纏綿蜿蜒如崖上攀爬的葛藤，山崖自然是危險的，天自然是很高的了。我們一行人在小路上慢行，尋找屬於自己的野炊之地。

忽見前面山谷裡懸出一條瀑布來，悄悄地從黝黑的崖壁上飛落，似練，然而又不似練的單調和淒清，奇松異樹，閒花野草，清澈水潭，一併交給它襟帶。心想，這綠潭邊該是個野炊的好地方，可惜有人捷足先登。

清風徐徐，尾隨溪水而去。一個九十度的拐彎，讓女同胞歡呼雀躍——一個大湖鑲嵌在兩山之間。忙擇平地，擺弄好報紙、酒菜，再看湖。

天深邃湛藍，雲纖塵不染，陽光明媚燦爛如沒經任何污染的純淨少女，輕盈地沐浴著山、樹、湖水。湖面碎金散銀一般，彷彿只要一伸手，就能觸摸到它的溫軟滑膩，捧起一個美麗的神話傳說。

我坐在一礅岩石上，坐在時空的交叉點上，內宇宙漸漸地靜了下來，冥冥中，似乎已經入靜生慧，心與古時結伴郊遊的文人佛合了。

古代文人發明了一種「蝴蝶會」的野餐形式。每人自帶筆墨紙硯，再備一壺老酒兩碟菜，一起登山臨水，觀景賦詩，飛觴醉月，抒發抱負。所謂「蝴蝶」，是指「壺」和「碟」。擇塊草地或者平展的山石，鋪上墊單，壺置中央，碟擱兩邊，配以酒盞、玉筷，恰如彩蝶翩翩落在綠茵之上，諧音摹形，妙乎天成。曹子建舉辦過《平樂宴》，張華參加過《園林宴》，白居易籌辦過《洛濱宴》，歐陽修讚美過《醉翁亭宴》。在《天寶遺事》中，記載了諸學士在禁中值宿時的《文酒賞月宴》；擅長於丹青的宋徽宗，還描繪過北宋文會的《文會圖》。《三國演義》中的曹操，青梅煮酒論英雄；《紅樓夢》中的賈府姐妹鬥菊吃蟹吟詩句；《儒林外史》中的一群窮酸，酒席上之乎者也掉書袋，更為人們耳熟能詳了。

更可貴的是，文士們所帶的酒菜，多為家慈或賢內助親手調理的祖傳佳餚，精細濟楚；詩友們相互品嚐，評定高低，交流了烹調技藝，大飽眼福、口福，又引出許多話題，激發詩興，釀出佳作。明代文學家張岱，在十月間邀約文友和弟兄舉行過一次《蟹宴》。其功能表設計確實獨特：主菜為清蒸河蟹；配菜有肥臘鴨、牛乳酪、醉蚶、鴨汁白菜與兵杭筍；酒品是玉壺冰；米飯是新餘杭白；果品有橘、栗、菱；香茗是蘭雪茶，一共十二款，十分高雅清秀。

我似乎悟到了什麼？但又說不出什麼。就和一幫打滿二十一世紀烙印的文朋詩友吃滷菜、喝燒酒、說笑話，山谷裡常蕩一串串歡樂的笑聲。

酒入腸胃，心緒有一種如煙如霧的飄忽。花，開得沒有了卻塵緣；野果樹，結滿了入世的牽掛；飛瀑，是一腔沒有淨化的般若情感。只有岩石入定了，有一種無法、無我、無相的境界。我把酒倒給岩石。一瞬間，只覺得從自己生命內部長出許多根來，深入岩石內部，三千世界陡然虛化了。祥雲飛到心海之外，萌生一種非動非靜、非生非滅的狀態。

遙想歷代文人墨客，寄情山水，李商隱「秋陰不散霜飛晚，留得殘荷聽雨聲」，李白「佳境千萬曲，客行無歇時」，白居易「每一得靜境，思與故人言」，王維「依杖柴門外，臨風聽暮蟬」，陸游「小樓一夜聽春雨，深巷明朝賣杏花」，杜牧「清時有味是無能，閒愛孤雲靜愛僧」，程顥「萬物靜觀皆自得，四時佳興與人同」，許棠「閒賞步易遠，野吟聲自高」，齊已「城裡無閒處，卻尋城外行」，司馬光「細雨寒風宜獨坐，暖天佳景即閒遊」，蘇軾「靜故了群動，空故納萬境」，白樂天「日晚愛行深竹裡，月明多上小橋頭」。正是：「從靜中觀物動，向閒處看人忙，才得超塵脫俗的趣味；遇忙處會偷閒，處鬧中能取靜，便是安身立命的功夫。」

那時，就是套上名利枷鎖的「官宦」，同樣追求輕鬆自在，喜歡文酒過從。《清稗類鈔》說，朝中的京官們，「預訂每遇大雪，不相招邀，各集陶然亭，後至者任酒資。」這更近乎兒童的玩耍，多少比現今有些官員來得痛快。君不見被告發的敗類，用公款加情人，踏青野炊，振臂一呼，手卻伸不直；環視四周，不敢面臨寥廓江天。是做賊心虛啊！怕與心憂天下的范希文滕子京邂逅而倉惶不知所措，怕與終生掛念黎民安危的杜甫相遇而面如土色……

突然起風了。風獵獵，從唇邊掠過，卻不能刮走我內心的憂傷。湖知道，它無語，卻完全洞悉解悟了我在風中洩露的心事。思緒又回到現實中來。我一捧酒杯，赤足走在湖邊的沙洲上。友人如我，三兩前行。沙沙腳步聲，恰似湖水呢喃。在遠處，水鳥素潔如玉的柔姿，闖入了我們視線。學鳥飛，仿鳥鳴，不亦樂乎。我驚異於生靈的悠閒、清韻，身子也感染似地飄搦起來，心變得洗朗而潤澤。

離去的時候，我回首沙洲上留下的串串足跡，深深淺淺如一首無字的歌。將來會有新的腳印疊合，漫漶的湖水也會把它沖刷得不露痕跡，但已嵌入我心中，久久不會泯滅。

文人野炊，讓紛亂的思緒濾過塵世的喧嘩，獲得某些內省和超然。

文人野炊，就應詩意的野炊。雅情、雅趣，才是文人野炊永恆的文化主題。

我感謝那次文人野炊，使自己外在的真實和內在的真實有了短暫的同一。但有遺憾，既是文人野炊，就應詩意的野炊。雅情、雅趣，才是文人野炊永恆的文化主題。

古代文人野炊，從來是詩意的野炊，是一種真實的願景。

《揚州畫舫錄》載：「揚州詩文之會，以馬氏小玲瓏山館、程氏筱園及鄭氏休園為最盛。至會期，於園中各設一案，上置筆二墨一、端硯一、水注一、箋紙四、詩韻一、茶壺一、碗一、果盒茶食盒各一。詩成即發刻，三日內尚可改易重刻，出日遍送城中矣。每會酒肴俱極精美。」再如「禾中文酒之會」，赴會者「每人出三十錢，一蔬一肉，而燭必盈把，每攜筆硯，吟詠達旦。」從文意中看，這種文會的費用，前者好像是園林主人「贊助」，後者則是「自籌」。不論怎樣，都得拿出作品，憑真本事，濫竽充數之流絕不敢去白混一頓吃喝。在這種文會上逼出來的「急就章」，有不少水平還真不錯。

王勃的〈滕王閣詩〉：「畫棟朝飛南浦雲，珠簾暮捲西山雨。閒雲潭影日悠悠，物換星移幾度秋。」感歎時光流逝，生命不能長存，反覆誦詠，寄慨深遠。孟浩然的〈過故人莊〉：「故人具雞黍，邀我至田家。綠樹村邊舍，青山郭外斜。開軒場面圃，把酒話桑麻。待到重陽日，還來就菊花。」從被動的「邀」，到主動的「就」，將詩人和故友在風和日麗之時、山清水秀之地歡聚的心情表現得十分真切。杜甫的〈江南逢李龜年〉：「岐王宅裡尋常見，崔九堂前幾度聞。正是江南好風景，落花時節又逢君。」以繁華風景襯托悲涼心境，盛衰之感，倍覺黯然。王之渙的〈宴詞〉：「長堤春水綠悠悠，畎入漳河一道流。莫聽聲聲催去棹，桃溪淺處不勝舟。」不直接由字面訴說離愁，讀之卻自然知其言愁，意境深邃，啟迪人思。劉禹錫的〈酬樂天揚州席上見贈〉：「巴山楚水淒涼地，二十三年棄置身。懷舊空吟聞笛賦，到鄉翻似爛柯人。沉舟側畔千帆過，病樹前頭萬木春。今日聽君歌一曲，暫憑杯酒長精神。」磨難並沒有消解他的鬥志，英雄本色依然不改，同時還讓我們看到他的達觀：沉舟側畔，有千帆競發；病樹前頭，正萬木逢春。一人之遭遇沉淪，並不影響歷史滾滾向前的車輪。韋莊的〈陪金陵府相中堂夜宴〉：「滿耳笙歌滿眼花，滿樓珠翠勝吳娃。因知海上神仙窟，只似人間富貴家。繡戶夜攢紅燭市，舞衣晴曳碧天霞。卻愁宴罷青娥散，揚子江頭月半斜。」重筆濃墨極寫闊閱之家窮奢極欲、歌舞夜宴的富貴氣象，而主旨一「愁」三「滿」，首尾相應，對比強烈；三「滿」正是為了襯托出深「愁」。看看，哪一篇不是千載傳誦的名作?!

現今也有一些類似文會的酒筵，多半是某人作品研討會。有的組織得好，與會作家、朋友說真話、露真言，一是一、二是二，善意的批評，催生了更好的作品。但有的就不怎麼樣了，盡唱讚歌，溢美之詞聽得人全身痙攣，只動嘴不動筆。這就混同於一般的酒宴席，沒什麼新意。

最讓我難忘的是二〇〇五年十一月，長航宣傳部會同湖北省作家協會舉辦過的「長江文化研討會」，就有特點。我有幸同崔道怡、章仲鍔、張守仁、葉梅等專家結伴，乘遊輪從宜昌逆流而上，一路看三峽景點，聽專家講座，品遊輪美食，談文學走向，其樂融融。我近年來專攻小說創作，蟄伏斗室，面壁枯坐，正需高人指點。崔老是原《人民文學》常務副主編，小說理論家。面對大師，我有太多的問題要問，但站在他面前，看清自己輕若江水水沫。

「小說創作，也就是將若干細節，組合成為獨立整體。一般聰明的作者，醉心於情節的奇特；而最聰明的作家，則著眼於細節的獨特……」在豐都鬼城野炊時，在我們的注視中，崔老開啟了一方清泉，讓淙淙的溪流淌出來，滋潤著我們這些小花小草。許多感受被翻譯成文字，成為我們遠行的旗語。

我們其實很脆弱，也很稚嫩，可以被風托起，可以被雨淋濕，可以被雪覆蓋。但是，被崔老這樣大師級的朋友，在文人野炊時一挽手，我們的生命似乎有了蓬勃的腳力，有了耐久的思維，有了頑強地延續。

也說老饕

什麼是老饕？虛榮不是，浮華也不是；得意的臉不是，驕傲的心更不是。名位和權勢嗎？或者自命風流的緋聞？老饕不是別的，老饕就是蘇東坡。

蘇軾以饕餮自居，並在〈老饕賦〉中公開宣稱「蓋聚物之夭美，以養吾之老饕」。這位曾在十五個州郡任職，嘗遍天下名饌的蘇門學士，用百餘字的容量，從治庖「四要」寫到食物「六美」，而後聽著美妙的樂曲，欣賞著仙女的舞姿，還缺什麼呢？「引南海之玻璃，酌涼州之葡萄」，才算是完美的享受。美味人所共嗜，但蘇東坡有著高度的文化修養和豐富的生活經驗，所以他對美味的愛好，超越單純的物欲誘惑，昇華為一種富有情趣，真正懂得生活享受的審美過程。

東坡先生是有宋一代偉大的文學家，繼歐陽修之後，主盟文壇近三十年。散文與歐陽修、王安石鼎足；詞與辛棄疾並稱「蘇辛」，為豪放派大師；詩與黃庭堅並稱「蘇黃」。他是一座高峰。但是，他並沒有飄飄然，昏昏然。高帽就是圈套，捧場就是絞索。耿介之士背後議論時幾句中肯的評語，勝過奸佞之徒當面高唱的千萬支娓娓動聽的頌歌；有識之士燈下獨處時因共鳴而情不自禁發出的一聲讚歎，勝過小人那震耳欲聾的歡呼。因此，即便他身為老饕，也很有節制，吃得風雅。據說，在杭州任通判時，老百姓感激他為民辦了好事，朋友們欽慕他的聲望才華，紛紛請他吃飯，他就給自己訂下了飲食戒律，規定每餐只喝一杯酒，吃一碗肉，有客人來，也只是三道菜。有人請他吃飯的，也預先把這一標準通知主人，超標就不赴宴。他還有一首詩說：「可使食無肉，不可使居無竹。無肉令人瘦，無竹令人俗。人瘦尚可肥，士俗不可醫。」可見他自稱「老饕」，頗有戲謔之意。

許多人愛吃美味，卻大多「動嘴不動手」，而蘇東坡卻是一位親操中饋的實幹家。他創造了多種美味，至今仍是膾炙人口的名菜。他有一篇〈豬肉頌〉：「淨洗鐺，少著水，柴頭罨煙焰不起。待他自熟莫催他，火候足時他自美。黃州好豬肉，價賤如泥土。貴者不肯吃，貧者不解煮，早晨起來打兩碗，飽得自家君莫管。」酥香味美、肥而不膩的紅燒豬肉，人稱「東坡肉」，成為傳統名菜。他用大白菜、蘿蔔、薺菜、揉洗去汁，下菜湯中，入生米為糝，入少量生薑，以油碗覆蓋，放在飯鍋內。飯熟，羹也可吃，命名為「東坡羹」。他有詩曰：「誰知南嶽老，解作東坡羹。中有蘆服根，尚含曉露清。勿語貴公子，從渠嗜膻腥。」「東坡」二字也成了美食的品牌。「東坡餅」、「東坡粥」、「東坡肘子」、「東坡豆腐」、「東坡墨魚」和「東坡芹菜膾」等等，在古老的飲食文化中，蔚成一道獨特的風景。

蘇東坡的一生，是跌宕沉浮，命運多舛的一生。是不斷地被剝奪口中美食，杯中佳釀，和不斷地快樂的一生。關押，流放，遠謫……奔波不息，一路坎坷。六十多年的生命，有四十多年是以黨爭為主的政治風波中度過的，而他的前半生諸多苦難，直接或間接均與執政的王安石有關。就是王安石罷相謫居金陵，但加害東坡先生的李立、舒亶之流，都是王安石提拔的新黨人物，他們這幫小人弄權為虐，掀起的罡風並沒有停歇，變本加厲地將正直的東坡先生幾乎置於死地。但是，無論處境怎麼樣，他都能把日子裝訂成冊，用快樂做封面，用詩情畫意做注釋。翻開品讀，通篇都是詩文之娛，酒食之味，聲色之美，山水之趣。這是他的政敵王安石所望塵莫及的，也是那些終於灰飛煙滅的權奸宵小們所始料不及的！

人生不是演戲。不熟悉腳本，不熟悉舞台，卻要蹩腳地去唱去跳，去可憐兮兮地扮演角色，那是虛偽。虛偽太可怕！反串角色註定要累。蘇東坡活得很真誠，為自己的追求和理想快樂地活著。所以，《調謔編》中的「六眼魚」的嘲諷，《漫笑錄》中的「三白飯」的笑話，《東坡文集》中「二紅飯」的掌故，《偃竹記》中「燒筍」的趣談，《墨莊漫錄》中「蜜酒」的傳說，《雅謔》中「黃雀拆對」的笑聞等，這些與他有關的故事傳說，揭示了快樂的道理：活就活得輕鬆，活得灑脫，活得自信，活得深刻。

深刻的東坡先生在極大程度上忘卻不如意的事，又在極大程度上回憶愉快的事，吃而常常回味，繼而充滿愛心與快樂地生活。所以，「安分以養福」，「寬胃以養氣」，「省費以養財」，並注意「已饑方食，未飽先止；散步逍遙，務令腹空」。飲食者達到如此境界，古往今來，大概是不多的。

對於配菜，「無肉令人瘦，無竹令人俗」；對於火工，「火惡陳而薪惡勞」，「火增壯而力匀」；對於菜肴質量，他覺得「豆粥」香美，全在「地碓舂粳光似玉，沙瓶煮豆軟如酥」；「蒸蟹」可口，必須「半殼含黃宜點酒，兩螯斫雪勸加餐」。這裡，我們不僅看到老饕評說烹調得失的精要，也看到東坡先生信奉的處事哲學，在追尋中獲得真正的快樂。這是一種精神世界的自我完善。和酒囊飯袋沉湎於物欲之中，是不能相提並論的。

在這個世界上，生長著太多「獨樂」的人，寧可掩口竊笑，也不輕易把快樂予人，快樂離上帝很遠，離心靈也很遠。但東坡先生願意與朋友分享快樂，還給予朋友快樂。他的好友徐十二病臥床榻，立即修書一封，詳盡地介紹「東坡粥」，自信這粥能送給徐十二快樂：「今日食芹甚美，念君臥病，麵、醋、酒皆不可近，惟有天然之珍，雖不甘於五味，而有味外之美。……君今患瘡，故宜食芹。」這種粥究竟如他所言，今人不知道，但可以想像的是，徐十二一定如飲瓊漿玉液。這承載著東坡先生大愛的快樂，是陽光般的物質。這物質就是一劑良藥！

就我所知，「東坡羹」有兩種，一是蔓菁蘆菔羹，一是玉糝羹。詩人在〈狄韶州煮蔓菁蘆菔羹〉中吟唱：「我昔在田間，寒庖有珍烹。常支折腳鼎，字機烹花蔓菁。中年失此味，想像如隔生。誰知南嶽老，解作東坡羹。中有蘆菔根，尚含曉露清。勿語貴公子，從渠嗜膻腥。」這裡交代了東坡羹的由來及原料與風味。後來，他的兒子蘇過又用山芋做玉糝羹孝敬他。他品嚐後感到：「色香味皆奇絕」，於是寫道：「香似龍涎仍釅白，味如牛乳更全清。莫將南海金齏膾，輕比東坡玉糝羹。」可能是羹美詩歌也美，一歌引來千支曲：朱弁的〈龍福寺煮東坡羹戲作〉、范成大的〈素羹〉、楊萬里的〈食蛤蜊米粉羹〉、惠洪的〈食菜羹示何道士〉、洪希文的〈菜羹〉、李流芳的〈蓴羹歌〉，古代詩壇上，熱熱鬧鬧地奏響了菜羹交響曲。

薑、葵、薺菜、槐芽等等，讓東坡先生與自然始終保持零距離，從而深刻地傾聽自然的氣息。他用濃墨淡彩描摹它們，而且描繪得很美：蔬菇是「芥藍如菌蕈，脆美牙頰響，白菘類羔羊，冒土出熊掌」；肉饌是「置盤巨鯉橫，發籠雙兔臥，富人事華靡，彩繡光翻坐」；饊子是「纖手搓來五色勻，碧油煎出嫩黃深」；鮰魚是「粉紅石首仍無骨，雪白河豚不藥人」；芹菜膾是「泥芹有宿根，一寸嗟獨在，雪芽何時動，春鳩行可膾」；鮑魚是「膳夫善食薦華堂，坐令雕俎生輝光，肉芒石耳不足數，醋芼魚皮真倚牆。」他動用摹色、類比、映襯等修辭手法，充分利用意與言，神與形的關係，借助視覺形象，把食品都寫活了。可不可以這樣說，東坡若不是老饕，是否能給宋朝錦上添花，留下那麼多首好詩？至少，會失去一個詩詞書畫於一身的傳奇。

人之食美，有數種狀況：一是嗜好，對盤中餐情有獨鍾；二是陪客，盛情難卻，不得不食；三是意在食外。我想，東坡先生除老饕的本色之外，更多的是「醉翁之意不在酒」。即：身為詩人，他寄情詩酒，嗜愛美饌；珍饈佳餚又激發他的靈感，開拓了他的思路。他是一個將生活成功地轉化為藝術的大家。

話又回到前頭。什麼是老饕？虛榮不是，浮華也不是；得意的臉不是，驕傲的心更不是。名位和權勢嗎？或者自命風流的緋聞？

老饕不是別的，老饕就是蘇東坡。

當帝王將相也成為老饕時，不僅僅是文化的墮落，更是政治的墮落。

大多數中國人，誠如魯迅所形容的「孺子牛」：「吃的是草，擠的是奶」。而昏庸的統治階層，似乎天生就靠喝奶、吸血乃至變相地「食人」而存活的。難怪魯迅要借《狂人日記》控訴那「人吃人」的社會。民脂民膏，真是一個太形象的比喻。當帝王將相也成為老饕時，不僅僅是文化的墮落，更是政治的墮落。

暴君夏桀，講究吃喝。他吃的菜必須是西北產的，吃的魚要用東海捕的，調味的佐料只能用南方的生薑和北方的海鹽。他喝的酒要十分清澈，略有渾濁，廚師就得人頭落地。到了殷紂，高興起來，就要築起一座「酒池肉林」。傳說這個酒池，可以行船；池邊上木樁掛滿了烤肉，如同樹林一般。殷紂還特別喜歡吃人肉，「比干菹醢」、「醢鬼侯之女，菹梅伯之骸」等事，令人髮指！

到了漢魏六朝時期，以晉武帝為代表的西晉朝士族集團，也是一群吸血的老饕，太傅何曾，「帷帳車服，窮極綺麗，廚膳滋味，過於王者。」他每天吃飯，花錢一萬，還嫌「無下箸處」；其子何劭，「食必盡四方珍美，一日之供，以錢二萬」。晉武帝的舅舅王愷，每次宴客，都叫美女吹笛子助興，音若走調，便遭毒打；權貴石崇為了與王愷鬥富，則用美女勸酒，如果客人飲酒不盡，當場就將美女殺死。北魏孝文帝之弟高陽王元雍，有「童僕六千，妓女五百」，每餐飯「必以數萬錢為限」；河間王元琛，為了壓倒元雍，餐具都要金鑲銀嵌，酒杯全是美玉製成。

隋煬帝吃喝玩樂更是花樣百出。西元六〇四年，他徵用百萬民工開鑿通濟渠，造了龍舟和雜船數萬隻，率領二十萬隨從，浩浩蕩蕩游揚州。所過之縣，五百里之內都得「獻食」。有的州一次「獻食」一百多台，吃不完掘坑一埋了事。苟且偷生的宋朝君臣，更是醉生夢死。宋仁宗舉行「大享明堂禮」，動用儀仗隊一萬餘人，耗銀一千二百萬兩；宰相呂蒙正每天必吃雞舌湯，家中的雞毛堆成了山。

清廷較之宋，過之而無不及。八旗子弟個個都是老饕，但及其糜爛，古書記載可謂連篇累牘。乾隆遊江南，走一路，吃一路，花錢如同流水。到了懷柔，有個姓郝的財主接駕，僅酒食費就用去了十萬多兩白銀。慈禧更是「天天過年，夜夜元宵」。宣統五歲時，每月卻要用肉八百一十斤和禽二百四十隻。他的五個「母親」，每月用肉三千一百五十斤、用禽一百四十四隻。宣統一家每月的伙食費用白銀一萬四千八百兩，一年十七萬八千兩。這筆錢，足供萬家農戶生活一年。

魯迅說：「中國菜世界第一，宇宙第N，但是中國還有人靠舔黑鹽吃飯，還有人連飯也沒有吃……」他還強調：「飲食問題，不僅可以反映社會的物質文明程度，也可以反映出一定社會的社會狀況以及暴露種種社會痼疾。」滿漢全席固然使人歎為觀止，但清朝的國力恰恰孱弱到失去自尊的地步，其政治與文化的沒落，並不能因一席豪宴挽回面子。餐桌上的虛榮心或勝利感，掩飾不了自己的版圖被列強蠶食的事實。

權貴成為老饕，只會構成中國數千年飲食文化的一道道傷口。昏君成老饕，必將驕奢淫侈，把老百姓的肚子問題放在一邊，自己卻想方設法搜尋天下美味，滿足口腹之欲。

當然，昏君之昏是在為政方面，而面對美食的感覺，由於時時講究，處處留心，反而高於常人高於明君，其實並不昏。

鄂菜散意

鄂菜的詩像《楚辭》一樣粗獷而細膩；鄂菜的哲學像《易經》一樣古樸而寧靜；鄂菜的音樂像編鐘一樣堅強而奔放。

躺在「八大菜系」裡，很古典地讀蘇菜、浙菜、魯菜、皖菜、粵菜、閩菜、川菜、湘菜，讀出一股愁緒，而且還會在蘇浙菜好比清秀素麗的江南美女、魯皖菜猶如古拙樸實的北方健漢、粵閩菜宛如風流典雅的公子、川湘菜就像內涵豐富才藝滿身的名士裡迷失了真實。

沒有鄂菜。

不錯，「江南美女」令我失魂落魄，「北方健漢」讓我心醉神迷，典雅「公子」使我引頸張望，風流「名士」叫我心旌搖盪。可是，沒有鄂菜，我能不惆悵和慨歎？

應該有鄂菜！

荊楚大地，自古就是「湖廣熟，天下足」的魚米之鄉。早在先秦，荊楚食饌就風行長江流域，在楚文化的影響下，憑藉「千湖之省」和「九省通衢」的地理優勢，形成以水產為本，魚饌為主，口鮮味醇的特色。中國飲食文化的冊典裡，不應該在這一頁板結。我分明看見了鄂菜同詩、哲學和音樂連在一起。

鄂菜的詩像《楚辭》一樣粗獷而細膩；

鄂菜的哲學像《易經》一樣古樸而寧靜；

鄂菜的音樂像編鐘一樣堅強而奔放。

用銅綠山古銅礦遺址、屈家嶺文化、商代的盤龍城、楚都紀南城和隨縣擂鼓墩，給鄂菜一個頑強的背景；用屈原、王昭君、諸葛亮、陸羽、李白、蘇軾、張居正、袁宏道、李時珍，給鄂菜一個堅實的襯托。就像鄂菜的靜襯托了流水的動、鄂菜的蒼老襯托了春光的年輕一樣。

我覺得鄂菜已經深入到我心裡了，對著那輪白日頭喊：真他娘的過癮！我的喊聲就像九頭鳥鳴叫。

我端坐在二十一世紀江邊一座城市的酒樓裡，嘴裡塞滿了如今市面上流行的鄂菜——珍珠圓子、金錢藕夾、菜苔炒臘肉、魚鮮菜冬瓜鱉裙羹、蛋釀排骨、橘羹湯圓、拔絲紅菱。我把這些東西一古腦地擠到幽不見底的胃，一邊大吃大嚼，一邊望著滋養荊楚大地的長江和漢水，想著《詩經》裡的「南有嘉魚」，是不是像輕盈的燕子，在柳葉似的水草中穿梭；想著《呂覽》提到「雲夢之芹」是不是東風絞剪的綠流蘇，「漢上石耳」是不是還劃不清春夏的分界；想著《大招》中雄雞是不是隨著燭光搖曳而引吭高歌，綿羊是不是像跌落的星星撒滿了草地；想著劉備東吳招親後，將孫夫人帶回荊州，諸葛亮是否命廚師用荊州特產的大黃鱔和鳳頭雞，為他精心烹製了「龍鳳配」。

我此時已無意追問傳說的美麗。那意象中的美麗，是四千多種菜品、八百餘種小吃點心和數百種筵宴款式的鄂菜大系中，一個小得不能再小的亮點。我所驚訝的是，與創造鄂菜的先民相比，我們已經身不由己地墜入了浮華與喧囂，我們變得安於現狀少於開拓，滿足於「翻版」、「跟風」，我們喪失了想像力，也丟棄了創造力。我說不清楚這到底應該算作一種福氣還是一種悲哀。

我出了酒樓，站在兩條江的交滙口，搖看遠古的太陽，用立體的聲音跳動著人類最熱最真最美最聖的音符。我覺得自己的靈魂已經出竅了，我覺得潛藏在內心深處的某種意識已經開始甦醒了。恍惚間，我被曾侯乙邀請，手執青銅冰鑑、九鼎八簋，飲著凍甜酒、酸梅湯、甘蔗汁、楚酪和楚瀝，食著魚鮮雜以異饌，欣賞巧奪天工的「編鐘樂舞」；我參加了漢魏時期荊州牧桓溫創造出茶果宴，驕傲地翻看《七發》中開列的牛脯燒蒲筍、狗羹蓋石花菜、熊掌調芍藥醬、鯉魚片綴紫蘇、鹵野雞和燜豹胎等佳餚，它們和哼著「寧飲建業水，不食武昌魚」民謠的先民一道，遠傳江浙與中原；我看見「纏花雲夢內」進入燒尾宴，聽見李白「玉盤珍饈值萬錢」的讚語；我舔坡一層宣紙，隨便就能感受到鄂菜的芬芳：《膳夫錄》中的鯽魚膾，《司膳內人玉食批》中的湖魚糊和炒田雞，東坡文集中的東坡回魚和東坡芹芽膾，《吳氏中饋錄》中的風魚和黃雀蚱，《武林舊事》中的雲夢粑兒，陸游詩詞中的漢嘉洱脯和桂飲薏米，《山家清供》中的燒腳魚和煎鴨子等，無一不讓我享受先民的勞動和智慧的喜悅；我認識了工價高達百匹錦絹的江陵廚娘，其刀具皆為白金所製，「鏤切徐起，取抹批臠，慣熟條理」製出的羊頭和蔥齏，「馨香脆美，濟楚細膩，難以盡其形容，食者舉箸無贏餘，相顧稱好。」……我覺得鄂菜已經深入到我心裡了，對著那輪白日頭喊：真他娘的過癮！我的喊聲就像九頭鳥鳴叫。

鄂菜，幾乎收藏了楚鄉輝煌文明的全部。我觸摸它們，一如觸摸先民的胸脯，滾燙的情感暴風般掠過全身。

鄂菜，幾乎收藏了楚鄉輝煌文明的全部。不論是活躍在荊江河曲的荊南風味，盛行於漢水流域襄鄖風味，還是波及鄂東南丘陵鄂東風味，植根於古雲夢大澤漢沔風味，我觸摸它們，一如觸摸先民的胸脯，滾燙的情感暴風般掠過全身。

意境美是中華民族在長期藝術實踐中形成的一種審美思想境界。湖北的食文化同樣具有蘊藉雋永，餘味無窮的意境美。孔子說：「食不厭精，膾不厭細。」鄂菜講究色、香、味俱全。人們同樣重視菜的視覺形象所帶來的優美意境，來滿足人們精神上的快感和對現實生活的體味和享受。許多菜不但味美，而且通過精美的造型和色彩創造意境，構成一種內在的含蓄的美感。

《輞川圖》是唐代詩人和畫家王維的作品，淡泊超塵的意境，給人精神上的陶冶和身心上的審美愉悅，曠古馳譽。楚地先民精於庖廚，用鮓、臛、膾、醢、醬、瓜果、蔬菜等不同花色的食品原料，作成二十盤菜，每盤拼為輞川圖中一景，合直來稱「輞川小樣」，為當時名吃。拼盤中，群山環抱，樹林掩映，亭台樓榭，古樸端莊；雲水流肆，偶有舟楫過往，呈現出悠然超塵絕俗的意境。

在民間，各種歲時節令，婚喪嫁娶，生辰壽延等，人們會做麵塑禮花蒸製、供奉、食用，如過年的「如意年糕」，婚禮上的「鴛鴦餅」等等，用來祈求幸福，平安。民間藝人們用大紅、大綠等高純度色彩，自然隨意的塗出歡快、熱烈的氣氛。不但用筆潑辣帥氣，無拘無束，同時造型生動，圓實樸厚。表現了楚地勞動人民自然質樸的審美意境。湖北美食不但注重口，而且構思立意獨特，意味深長，注重所帶來的意境。許多高檔餐廳的菜名多以寫意手法命名，用字典雅瑰麗，含意雋永深遠，充滿了詩情畫意。如把白菇擺在青菜上叫「金錢滿地」。

湖北食文化歷史悠遠，名聲遠揚。《易經．繫辭上》講道：「形而上者謂之道，形而下者謂之器。」從楚地飲食這一有形的物，正反映出來了本民族的審美格局，體現了華夏民族的文明形態，這一無形的道。

我沉湎於「芝麻饊子叫凄涼，巷口鳴鑼賣小糖，水餃湯圓豬血擔，深夜還有滿街梆。」的小吃夜市風情；我陶醉於中國魚席的源頭、講究「形變」、「味變」相同一的楚鄉魚筵的異彩紛呈。我為自己是鄂菜養大而自豪。在歷史與今天，夢幻與現實，聯結我與先民的臍帶是鄂菜。楚鄉因水而昌；鄂菜因水而昌。溫暖的、鮮活的長江漢水奠定並把握了鄂菜的基調，浸潤其構架，拓跋其意匠，洗練其語言，豐沃其精彩。水，詩化更文化了鄂菜，使它揮灑自如地書寫自己的面目和脾性。自由的、美妙的水分子在蒸騰遊蕩，楚鄉的鋒毫之下，繼續衍生鄂菜那誘人心魄的傳奇與故事……

吃之境界

吃，真的是一種境界。而境界是一種存在，更多的是一種體驗。

一女作家稱人生的涉世之初到垂老之時有三大境界：「人生第一境，看山是山，看水是水；人生第二境，看山非山，看水非水；人生第三境，看山還是山，看水還是水。」話說得很深奧。在似懂非懂之間，我想到自己的童年。

童年，在故鄉門口的老樟樹下，我仰望那輪美麗蒼涼的明月，想像它是一個古老而神秘巨大的銅盆。古老的歌謠繞著它飛翔。那時，我想不到外面的世界會是什麼模樣，卻可以一次次諦聽山那邊的鳥由遠而近的啼聲，也可以一次次地設想未來。因為那時候，我不知何謂境界！如今已知道，童年金色的歲月一去不復返，我便遺憾，而這遺憾就是一種境界。

我有位好朋友，是一位布雕畫家。在他最富有的時候，突發其想，用烙鐵、熨斗當筆，研究發明了布雕畫。布雕畫讓他一貧如洗，連一元錢一袋的食用鹽都買不起。可是，他創造的布雕畫讓人們迷醉，大作家蔣子龍、大導演王新民對這些畫歎為觀止。他一無所有，但他從鄉村裁縫質變成赫赫有名的民間藝人。我想這也是境界。他的生命正如不朽的畫，延續在藝術之中。

細細琢磨，吃，也是一種境界。

我國有十大菜系。從美學一角度來看，它們可與中國的四大名著相類比，其他數十個菜種，就像除了四大名著，還有《儒林外史》、《金瓶梅》、《桃花扇》、《鏡花緣》……都各有千秋。文學作品與菜系不同的是，小說是由一兩個作者寫成書出版問世，菜系則是一種集體的創作，是一種動態的、有一定規範的味感美學，是在錯綜複雜的歷史流程中形成的相對穩定又不斷發展的美食流派。用「菜系」來概括一種成熟、成規模的美食流派，十分貼切。這種概括，也是一種群眾性創造，是約定俗成的一種美學用詞，得到廣大群眾首肯，也是很自然的。所以，吃肯定是有境界的。

吃的第一大境界當然是「果腹」，俗話說就是填飽肚子，很單純，形式比較原始，只解決人的最基本的生理需要。很符合馬斯洛「需求層次論」中的「生理層次」。我曾從黃石乘大巴士到宜昌出差，五個多小時的舟車勞頓，饑腸轡如鼓。車一到終點站，就直奔站前小食店。背包一放地下，就差來服務小姐，瞪著眼睛，三下兩下要了一碗青菜豬肝湯、一盤清椒肉絲、一碗米飯。一會兒全都「笑納」肚中，舒服極了。這個境界的吃，肚皮是第一位的，其他的都不重要了。「果腹」不講求策略和實用技巧，摻合商業時代特有的「投機算術」的心理特徵，只能使它喪失鮮活的自然靈性和精神光澤。「果腹」的普遍共性是：生命為填飽肚子而來，為填飽肚子而死——在「果腹」的「敵人」面前，決不妥協，敢於作孤注一擲的付出，體現一種肝膽相照的壯美。當生存都不能稱為生存時，人們唯一的做法便是「果腹」活命；而當生活真正地稱之為生活時，恐怕沒有人琢磨「果腹」生存之事。

吃的第二大境界應該是一個「爽」字，清爽而不存私利，吃就是吃；豪爽而不肚藏秘密，喝就是喝。於是，呼三五好友去館子、上排擋，稀裡嘩啦點上滿滿的一大桌菜，價錢卻不貴，胡吃海塞一通，興致所致，還能吆喝著劃幾下拳，甚至以赤膊上陣。適合這種吃法的，就是夏天晚上吃夜宵。我生活的都市裡，有一溜沿江灘而設置的蒙古包，做的就是季節買賣。夏季來臨，這兒特別熱鬧，江風輕輕吹拂，火鍋熱氣騰騰。食客噘起嘴巴啃著骨頭，滑動喉結飲著啤酒；打著手勢「哥倆好」，鬧著樂著「五魁首」。在半醉半醒之間，說著葷話、氣話、大話，時間就從指縫裡溜走了。子夜一過，暑氣消了許多。睜著朦朧醉眼，腸肥肚滿地蹣跚腳步回家，爽得家人責備也無所謂，兩腳一蹬，呼呼大睡。一覺醒來，又是新的一天。

吃的第三大境界應該是「聚會」。逢年過節、生日升遷、拿到稿費、友人來訪等，都是聚會的理由。親朋應邀而來，捧個圓場，圖個熱鬧。觥籌交錯之間，談笑風生之時，禮節就到位了。被邀的人明白邀請人心裡有他，記得他，沒有任何功利，輕輕鬆鬆吃飯，敞開心扉說笑；邀請人也知道被邀請人不在乎吃，那是形式，內容是聚。聚就不可能沈默，講幽默笑話成了主題。有人說：在某醫院的樹蔭下，一對情人在擁抱接吻。一個醫生看見了，過去對那男的說：「你真糊塗，施行人工呼吸，應該把她平放在地上才行，走開讓我來。」眾人一陣哄笑，甚至笑得噴飯。臉糊飯粒的一邊微笑著抹臉，一邊連呼「有意思，有意思。」其他人又起哄：好啊，這種場合你還敢揩油？膽子比你腰身粗！

吃的第四大境界應該是「宴請」。請君入席，多有相求，世上沒有免費的宴席。求官、求財、求婚姻，無所不包。既然為「宴請」，講的是排場，玩的是味道。酒店星級越高越好，包廂越豪華越沖。上的是昂貴菜點，喝的是時尚名酒，說的是意會暗語。比如，「考慮考慮」，彈性就大得很，是明示，還是暗示；是真意，還是托詞；是肯定，還是否定。不同的場合，不同的語氣，不同的對象，就有不同的內容。能解讀透徹，關鍵是靠悟性。切不可被請之人沒醉，你先醉了。你醉了再好的悟性，也是白搭！又比如，「方便方便」，客人的意思是出去溜達溜達，還是詢問出恭的位置，亦或是請求給以關照，要一下子搞明白，就得有「心有靈犀一點通」的能耐。所以，這個境界的吃，難免給人一種有暴殄天物之歎，但吃後回來，卻又發現沒有吃飽。

吃的第五大境界應該是「養生」。說到底是講究吃的「和諧觀」。古人云「天地之道而美於和」，「天地之美，莫大於和」。「和」字從「禾」從「口」，以和為美。和諧，是產生天籟般美妙的七彩音符，是迸發流水般靈動的建築曲線；和諧，是戀人在融融月光下如癡如醉的擁吻，是老人在暖暖夕陽中相偎相依的散步……吃之和諧，猶如與智者對談，體味飯菜的妙味，品盤中的風景，感受色香味養的靈性和「五味調和」思想的長存不滅。「和如美羹」，「聲一無聽，物一無聞，味一無味，物一不講」，才是一種意境，一種體驗，一種享受。吃的「和諧觀」，難的是摒棄慾望雜念，靜心禪定，真正進入「養生」的境界。坐在鬧市中寧靜的餐桌旁，「春多酸，夏多苦，秋多辛，冬多鹹，調以滑甘」，就閒逸瀟灑。百年之期若瞬，一切都深契在一種心境之中。一言曾之，自然和則美，社會和則安，國家和則強，生命和則康。

吃的第六大境界應該是「覓食」，那就得四處去「找」。在尋找中獲得「吃」的樂趣。有一年我去江西寧都，尋找的是「三杯雞」。它與民族英雄文天祥有關。南宋末年，一位七十多歲老婆婆手拄拐杖，提著竹籃，籃內裝著一隻雞和一壺酒，來到關押文天祥的牢獄，祭奠文天祥。老婆婆意外的見到文天祥，悲喜交集，原來外面傳文天祥已被殺害，她是前來祭祀文丞相的。她見文丞相還活著，後悔沒帶隻熟雞，只好請求獄卒幫忙。那獄卒本是江西人，心中也很欽佩文天祥，老婆婆的言行使他深受感動。想到文天祥明天就要遇害，心裡也很難過，便決定用老婆婆的雞和酒，為文天祥做一次像樣的菜肴以示敬仰之情。於是，他和老婆婆將雞宰殺，收拾好，切成塊，找來一個瓦缽，把雞塊放缽內，倒上米酒，加點鹽，充做調料和湯汁，用幾塊磚頭架起瓦缽，將雞用小火煨製。過了一個時辰，他們揭蓋一看，雞肉酥爛，香味四溢，二人哭泣著將雞端到文天祥面前。文丞相飲酒湯，食雞肉，心懷亡國之恨，慷慨悲歌。第二天，文天祥視死如歸，英勇就義，這一天是十二月初九。後來，那獄卒從大都回到老家江西，每逢十二月初九這一天，必用三杯酒煨雞祭奠文天祥。因此菜味美，便在江西一帶流傳開來。後來，廚師為使此菜更鮮美，便將三杯酒改為一杯甜酒釀、一杯醬油、一杯香油，並稱「三杯雞」。吃「三杯雞」之時，恰逢夜雨秋燈，窗外的雨線把思維浸染得漫漶淋漓，雨腳如麻的飛濺聲和夜雨的蕭疏淅瀝，以及燈影的半明半昧，人間干戈擾攘之聲滌蕩殆盡，了無蹤跡。心中如滿谷的落英繽紛，情緒的靜水汩汩欲流。同行的畫家放下碗筷，索筆墨宣紙，垂筆揮毫，心神隨筆端瀟灑逸蕩，波礫沖折，變幻無方。或率意而為，若落花無心；或飛白筆意，如流水迴盪。一個活靈活現、有血有肉的文天祥站立在面前。這種尋覓的吃，閒適自然，比之單純的吃更放達、更能使人傾注，因而也就更難得，更值得令人珍視。

吃的第七大境界應該是「獵豔」，所以館子要「奇」。這樣的館子都是比較稀罕的特色店，「新」、「奇」、「特」是主要特徵。適合這類館子的人群一般是時尚人士、有品位的少夫少妻、白領人群等。價錢中檔，不用擔心被宰。前些年，我們這兒開了一家叫「黃金海岸」的酒店。實際上是老闆按照海南風情裝潢的。你別說，一進入，飯廳播放著悠揚悅耳的粵曲，穿著桶裙的小姐和白襯衫的侍應生彬彬有禮的接待，給人有賓至如歸的感覺。窗前，人造的碧海青天，白帆點點，塑膠椰樹送風，令人陶醉，也令人神清氣爽，食慾頓開。宴會開始，端上蛇羹和即烹海鮮，陸續上桌有海南特產的文昌雞、加積鴨、東山羊等烹製的美食。穿插上桌的是爽口而有韌性的粵式炒河粉、炒飯和多款粵式點心、椰奶和椰子酒，更令你陶醉的是那像牛奶兌蜂蜜一樣誘人的山蘭酒，酒色乳白而微稠，打開瓶蓋，酒香撲鼻，是用海南特產香粳米釀成，飲後微醉，口頰長久回甘。飯後還有芒果、楊桃等嶺南水果。吃一頓飯，給你留下雋永的粵菜中的海南菜的特有韻味。

吃的第八大境界應該是「約會」，這時吃的已經不是「物」，而是「情」。大多的時候，點的多，吃的少。這種吃千萬不要是兩個同性別的人，以免讓人誤會，最好也不要是夫妻，因為已過了「約會」的階段。凡是到這種地方來吃的，兩人之間大多都有一種心靈上的默契，說出來就變得俗，不表現出來又壓抑。於是，以一個「吃」的藉口「會」在一起，吃也吃了，談也談了，儘管大多的時候沒有吃。

吃的最後一個境界應該是「獨酌」，吃什麼不太重要，菜肴、酒水似乎在人沉澱的心理變成清麗恬靜的茶。品菜或品酒，需要的是泛著幽幽雅韻以及不論榮辱俗事、坐看雲卷雲舒的平和心態。靜謐的夜晚，點上三兩喜歡吃的菜點，獨自品嚐。這時，菜的香醇與澀苦似乎都幻成了風雨人生。那層面上如煙似霧的浮泛，就如這人情世道，看上去讓人有一種深不可測的膽怯。人在慾海，沐風櫛雨，經歷越豐，心總免不了要受到各式各樣或深或淺的傷害。有的傷痕肉眼可見，有的暗傷隱隱作痛。這些都使人變得格外敏感。平安多好！其實，人生三個階段，早晨四條腿爬行，中午兩條腿闖路，黃昏三條腿蹣跚，豈能都如三陽開泰、風送荷香一般美好？自然會有天理不公和人間冷遇的時候。同樣的道理常用來開導別人，但我自己卻仍然時有感時花濺淚、恨別鳥驚心的感傷。人的這顆心，有時真的太脆弱了，脆弱到不敵習習清風、難擋絲絲煙雨。今日的孤獨如我，念天地之悠悠，獨愴然而泣下。朦朧之中，看時代挺進，時光飛逝，而我等卻以壯年之軀賦閒於清寂，生活於平庸，出入於陋巷，月得千餘俸祿，年守瓢羹福利，哭不出來。笑不出聲！昨日的真知灼見，化成權貴們桌邊的一張廢紙；傾力付出的勞動，變成小人們排擠異己的話柄。那種孤獨，是靈魂的孤獨；那種傷痛，是穿心之痛。蒼天月夜之下的這一縷清香，何以解憂？

酒不醉我我自醉。茶裡乾坤，食中往事，歷歷如數。曾經有過舉杯邀明月的豪放，三五知已，一杯酒，一盤菜，慷而以慨，激揚文字，指點江山；曾經有過紅袖添香的浪漫，春秋郊外，說逸事，講趣聞，演繹出一段段真善美的佳話；曾經有過眾星捧月的榮耀，俯看眾生，我是人，我非人，洋洋自得，意氣風發。然而，雲遮滿月，雨打梨花，今已不見六朝繁華、兩都興盛、三秋桂子與十里荷花，耳已不聞春江花月夜、霓裳羽衣曲。浩渺天穹之下，群峰環抱之中，花落而去，無可奈何！

人心易傷，特別地需要呵護；人心易冷，特別地需要安慰。唯有「獨酌」，淺嘗慢咽，如臨清流，如臥綠茵，如觀飛虹，如遊太虛，人間種種煩惱一一遠去，此種情境，應是人生極至。

吃，真的是一種境界。而境界是一種存在，更多的是一種體驗。無論平凡、超卓，無論一帆風順或者坎坷，境界有如月光、花香以及清新的空氣，浸染、彌漫在人生的旅途中。

後記

「民以食為天」。中國飲食文化在世界上享有很高的聲譽。

我曾在飲食行業工作了十三年，深知飲食是窺察地域文化的一個極好的視窗。我的理解是，食文化已經超越了「吃」的本身，具有更為深刻的社會意義。

過去，我收集與飲食文化有關的書籍、菜譜等資料，是想在工作中得到幫助。後來，我離開了這個行業，就把這些東西全部鎖到櫃子裡。在新的工作中，我成為一個清淡的文人，覺得應該為飲食文化寫點東西了。正如福建省著名作家曾紀鑫先生所說：飲食文化「是永超先生生命中一個重要的組成部分」，我沒有理由不回顧一下歷程，看一看自己曾在這個行業裡走過的深深淺淺足跡，我沒有理由不把散發著徽味的資料擺在案頭，並翻開過去的筆記，擬了二十六篇文章的提綱，著手寫這本書了。二十六是十三的倍數，以此紀念我在飲食文化天地裡奉獻的最好的青春歲月！

散文的確是不容易寫的文體。對於寫小說的作家來說，實際用兩部分生活，一部分是從本人經歷中體驗出來的，一部分是從別人經歷中設身處地體會來的。但對寫散文的作家而言，主要是依靠親身的體驗。可是，每個人的生活經歷都有局限，即便我在飲食行業幹了這麼多年，還有許多許多未知。這樣，我想用文字把它們動情地留住，受到了很大的挑戰。風味飲食反映了飲食活動過程中飲食品質、審美體驗、情感活動、社會功能等所包含的獨特文化意蘊，也反映了飲食文化與中華優秀傳統文化的密切聯繫。挖掘其中深藏的美，不單是生活藝術化的過程，更主要的是對生活的思想昇華和形象的昇華。儘管我出版過兩本散文集，但是，我真不敢說這本書的文字能進入你的心靈。不過，我還是同意出版社出版這本書。書是一面鏡子，能照出自己許多不足。只有知道不足，人才不會妄自尊大，才會夾著「尾巴」，老老實實地為人為文。

本書第一版出版前，我分別捧送給湖北師範學院中文系教授黃瑞雲和編審張實先生，請二老指正。黃教授是著名學者、作家，相當繁忙。但黃先生從關愛小字輩出發，花了一個多月時間，讀完了初稿，並親筆回了滿滿兩張信紙的信。信是鋼筆寫的。明顯看得出來，黃先生在寫這封信的時候，手一定是微微顫抖的。立即，一個仁者大愛的父親形象，浮現在我眼前。讀完信，我除了感動，還是感動！

張實先生是我十分敬重地的著名作家和很有影響力的文藝評論家，他也在我的書稿中留下許多記號：一個字、一句話、一截橫線、一個圈圈等，認真的勁頭可想而知。張先生看完後，把我叫到他家中，從本書的體例、文章的結構、文化散文的寫法等等，給我上了極其生動的一課。什麼叫「聽君一席話，勝讀十年書」？這就是。可以這樣說，正因為張先生耳提面命，傳道解惑，我的修改工作才進行得比較順利。張先生為了提攜我，還接受我的邀請，提筆為此書作序。一位長輩對晚輩的呵護之情，躍然紙上！

此書第一版定名為《遊食筆譚》，理由有二。美食是「吃四方」之後的回憶，是「遊動」之後的經驗積累，惟其如此，才能平中見奇、閒中見趣、俗中見雅。寫常見饅頭包子油條這樣的文章很難，既不能寫成食單，又不可空疏，「筆譚」似乎更容易進入飲食文化領域，進而有所思有所悟，讓靈感與想像自由地飛翔。

承蒙秀威資訊科技股份有限公司抬愛，本書得以再版。這說明，有價值的東西是不會過時的。責任編輯蔡曉雯女士發郵件來說，《遊食筆譚》作書名，雅了一些，建議換一個曉暢的書名。我尊重責編的意見，就定名為《舌尖上的美味》。中國飲食文化本來就是舌尖上的典籍，以此為書名還算契合。

我們都走在路上。我們也都吃在路上。人生之旅途因此變得更加珍貴。

作者

釀文學108　PG0807

舌尖上的美味

作　　者　呂永超
主　　編　蔡登山
責任編輯　蔡曉雯
圖文排版　郭雅雯
封面設計　陳佩蓉

出版策劃　釀出版
製作發行　秀威資訊科技股份有限公司
114 台北市內湖區瑞光路76巷65號1樓
電話：+886-2-2796-3638　傳真：+886-2-2796-1377
服務信箱：service@showwe.com.tw
http://www.showwe.com.tw
郵政劃撥　19563868　戶名：秀威資訊科技股份有限公司
展售門市　國家書店【松江門市】
104 台北市中山區松江路209號1樓
電話：+886-2-2518-0207　傳真：+886-2-2518-0778
網路訂購　秀威網路書店：http://www.bodbooks.com.tw
國家網路書店：http://www.govbooks.com.tw
法律顧問　毛國樑　律師
總 經 銷　聯合發行股份有限公司
231新北市新店區寶橋路235巷6弄6號4F
電話：+886-2-2917-8022　傳真：+886-2-2915-6275

出版日期　2012年9月　BOD一版
定　　價　350元

Printed in Taiwan

國家圖書館出版品預行編目

舌尖上的美味 / 呂永超著. -- 初版. -- 臺北市;釀出版,
2012.09
面； 公分. --（釀文學;PG0807）
ISBN 978-986-5976-53-8（平裝）
1.飲食 2.文集

427.07 101013815

讀者回函卡

感謝您購買本書，為提升服務品質，請填妥以下資料，將讀者回函卡直接寄回或傳真本公司，收到您的寶貴意見後，我們會收藏記錄及檢討，謝謝！
如您需要了解本公司最新出版書目、購書優惠或企劃活動，歡迎您上網查詢或下載相關資料：http:// www.showwe.com.tw

您購買的書名：________________________________

出生日期：________年________月________日

學歷：□高中（含）以下　□大專　□研究所（含）以上

職業：□製造業　□金融業　□資訊業　□軍警　□傳播業　□自由業
□服務業　□公務員　□教職　□學生　□家管　□其它____

購書地點：□網路書店　□實體書店　□書展　□郵購　□贈閱　□其他

您從何得知本書的消息？
□網路書店　□實體書店　□網路搜尋　□電子報　□書訊　□雜誌
□傳播媒體　□親友推薦　□網站推薦　□部落格　□其他________

您對本書的評價：（請填代號　1.非常滿意　2.滿意　3.尚可　4.再改進）
封面設計____　版面編排____　內容____　文／譯筆____　價格____

讀完書後您覺得：
□很有收穫　□有收穫　□收穫不多　□沒收穫

對我們的建議：________________________________

____

____

____

請貼
郵票

11466
台北市內湖區瑞光路 76 巷 65 號 1 樓
秀威資訊科技股份有限公司 收
BOD 數位出版事業部

（請沿線對折寄回，謝謝！）

姓　名：__________ 年齡：______ 性別：□女 □男

郵遞區號：□□□□□

地　址：____________________

聯絡電話：(日)__________ (夜)__________

E-mail：____________________